西暦	生命起源論 微生物系統論	真核生物起源論	古細菌探査・深海底探査	原始生命化石 地球科学
1900	1972 デイホフ，アミノ酸配列データから生物系統樹を作成 1977 **ウーズとフォックス，古細菌に関する最初の論文を発表** 1982 チェック，リボザイムを発見．RNAワールド仮説へ 1990 ヴェヒターホイザー，表面代謝説を提唱 ウーズら，3ドメイン説を発表	1981 ウィーデン，細胞内共生的遺伝子伝播を発見 1984 レイク，エオサイト説を提唱	1977 アルビン号，深海に熱水噴出孔を発見 メタゲノム解析法の発展 中温性古細菌の発見	1974 テラ，後期重爆撃説を提唱 1979 シドロウスキー，38億5000万年前の生命の痕跡を発見 1992 ハンとランジャー，最古の真核生物化石…
	1997 古細菌の一種の全ゲノム解読 1998 マイヤー，3ドメイン説を批判	1998 マーティンとミューラー，水素説を提唱．ロペス＝ガルシアとモレイラ，シントロフィー説を提唱	198… 放… ら，菌が…される	
2000	2006 池原，GADV仮説を提唱	2001 武村とベル，独立にウイルス起源説を提唱 2006 マーティンとクーニン，イントロン原因説を提唱	2008 タウムアーキオータの提案	2002 ショップとブレイジアの論争 2008 ガイスラーら，42億5000万年前の生命の痕跡を発見 2009 オーウッドら，ストロマトライトの起源を34億5000万年前と推定 2010 中央アフリカのガボン共和国で大型の真核生物化石が発見される
			2011 TACK上門の提案 2013 DPANN上門の提案 2015 ロキアーキオータ門の発見 2017 アスガルド上門の提案 2020 ロキアーキオータ古細菌の培養に成功	

口絵1　RNAの内部にそのRNA複製酵素遺伝子を導入した「自己複製系」→p.59

口絵2　(a) 熱水噴出孔と (b) その周辺にできあがった生態系

この生態系の生産者は化学合成細菌．(a) https://ja.wikipedia.org/wiki/熱水噴出孔，
(b) https://upload.wikimedia.org/wikipedia/commons/f/f6/Riftia_tube_worm_
colony_Galapagos_2011.jpg より引用．→p.72

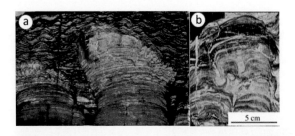

5 cm

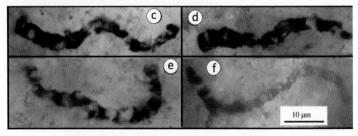

10 μm

口絵 3　始世代のストロマトライトとシアノバクテリア化石

(a),(b) 始生代のストロマトライト，(c)〜(f) Schopf (1993) により 34 億 6000 万年前のシアノバクテリア様原核生物の細胞化石として報告されたが，Brasier (2002) はこれが生物起源であるかどうか疑わしいと考えた．Schopf (2006) より引用．→p.83

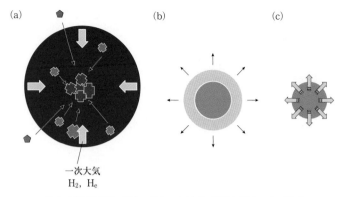

(a)　(b)　(c)

一次大気
H_2, He

口絵 4　岩石微惑星の衝突に始まった地球の誕生と衝突による脱ガス

(a) ケイ酸塩と金属からなる岩石微惑星の衝突．この当時，H_2 と He（一次大気）が，新たにできた惑星の周囲を覆っていた．(b) 地球を覆う一次大気は，熱により宇宙空間に拡散・消滅した．(c) 地球上にさかんに衝突する微惑星からガスが放出され（脱ガス），次第に二次大気が形成された．→p.86

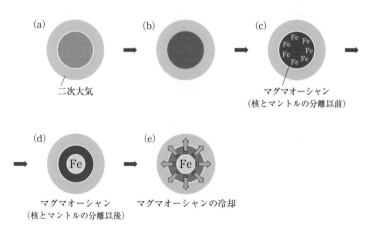

(a)　(b)　(c)

二次大気　　マグマオーシャン
（核とマントルの分離以前）

(d)　(e)

マグマオーシャン　　マグマオーシャンの冷却
（核とマントルの分離以後）

口絵 5　衝突脱ガスからマグマオーシャンを経て冷却へ

(a) 微惑星の衝突による脱ガス（CO_2，H_2O，N_2）が地球を覆った．(b) 衝突エネルギーの熱転換が起こり，さらに H_2O や CO_2 による温室効果が高まった．(c) H_2，CO，CH_4，NH_3 が大気を優占した．(d) H_2O，CO_2，N_2 が放出された．(e) マグマオーシャン中の H_2O も大気に脱ガスした．→p.88

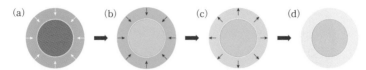

口絵 6　水蒸気の冷却による大量の降雨による海の形成と，二酸化炭素の海水への溶け込み

(a) 水蒸気 (H_2O) は雨となり大量の降雨は原始の大洋を生んだ．(b) さらに冷却は進み，大気中の CO_2 は原始海洋に溶け込み，金属イオンと結合し，炭酸塩となり沈殿．大気中には N_2 が残る．(c) シアノバクテリアによる酸素発生型光合成により，大気中の CO_2 が減り，O_2 が放出された．(d) 大気成分の構成比率は，$N_2 : O_2 = 78 : 21$ となった．→p.89

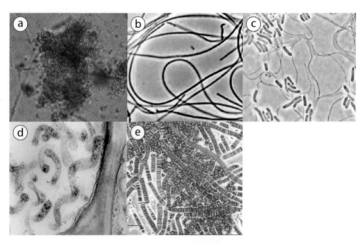

口絵 7　5 つの光合成細菌グループ

(a) 紅色細菌，(b) 緑色硫黄細菌，(c) 緑色非硫黄細菌，(d) ヘリオバクテリア，(e) シアノバクテリア．→p.99

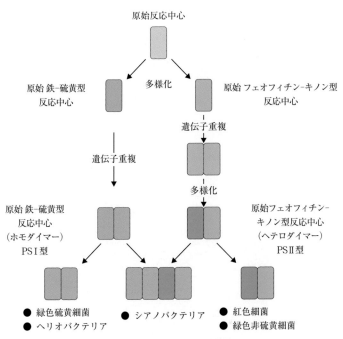

口絵8　光合成反応中心の進化
Blankenship (1992) より引用し，改変．→p.106

(a)

(b)

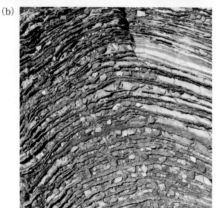

口絵 9　(a) オーストラリア西海岸のシャーク湾に広がるストロマトライトと，(b) その断面に見える層状構造

(a) https://ja.m.wikipedia.org/wiki/ファイル:Stromatolites_in_Sharkbay.jpg,
(b) https://serc.carleton.edu/NAGTWorkshops/sedimentary/images/stromatolite.html
より引用．→p.112

口絵 10 西オーストラリアのハマスレー層群に見られる，25 億年前のブロックマン
縞状鉄鉱層

九州大学総合研究博物館ウェブサイト（撮影：清川昌一氏），http://www.museum.
kyushu-u.ac.jp/publications/special_exhibitions/PLANET/07/07-1.html より引用.
→p.116

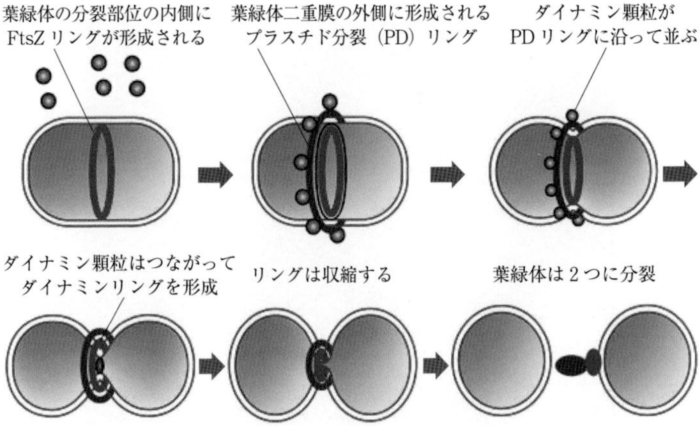

葉緑体の分裂部位の内側に
FtsZ リングが形成される

葉緑体二重膜の外側に形成される
プラスチド分裂（PD）リング

ダイナミン顆粒が
PD リングに沿って並ぶ

ダイナミン顆粒はつながって
ダイナミンリングを形成

リングは収縮する

葉緑体は 2 つに分裂

口絵 11 葉緑体の分裂様式

https://www.riken.jp/en/news_pubs/research_news/rr/5722/より引用し，改変. →
p.134

口絵 12　アクシネラ (*Axinella*) 属海綿 →p.175

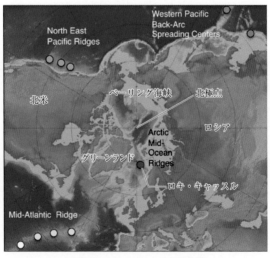

口絵 13　ロキ・キャッスルの位置

Pedersen *et al.* (2010) より引用．→p.200

われら古細菌の末裔

微生物から見た生物の進化

二井一禎 [著]

コーディネーター　左子芳彦

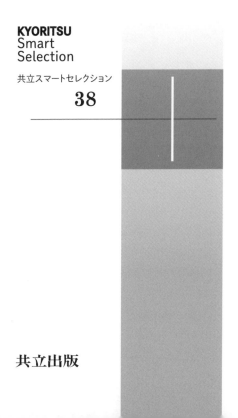

KYORITSU
Smart
Selection

共立スマートセレクション

38

共立出版

はじめに

　地球が誕生したのは今から約 45 億 5000 万年前．生命は，それから約 5 億年後にこの地球上に誕生したのではないかと考えられている．すると，生命の歴史はざっと 40 億年の長さがあるということになる．その長い生命の歴史，進化の経緯を端的に表す例えとして，全生命の歴史を 1 年のカレンダーに例えて個々の出来事の起こった時期を理解しやすく説明する試みがしばしば見られる．しかし，生命の歴史，進化をたどる側の立場から言えば，それは歴史上の出来事を 1 ページずつ書き記す作業なのだから，例えば 1 ページに 100 万年分の出来事を書きながら進化の跡をたどると，40 億年分の生命の歴史を書き切るには 1 冊 400 ページの大著を 10 冊分書き上げなくてはならない勘定になる（実は，これはオパーリンが用いた例えなのだが）．そしてこの 10 巻のうち，最初の 5 巻はすべて原核生物の歴史にあてられ，9 巻の半ばまで単細胞生物のみについてその歴史を語ることになる．しかし，長い間われわれの生命の歴史に関する探究心は最後の 1 巻の後半に詰め込まれた多細胞生物の爆発的な進化と多様化以後に起こる事象にずっと向けられてきた．われわれが，簡単な体制の生物から，環境に順応しながら次第に大型で複雑な体制をもつ生物に進化してきたことは，近代教育を受けた人ならほぼ無理なく理解しているに違いない．しかし，その簡単な体制の生物として，細菌や古細菌のような原核生物を想定して進化を考える人はほとんどいないだろう．いや，生物学者でさえも，つい最近まで細菌の系統関係を他の大型の生物と同様の分類基準で捉

えることなど不可能であると考えていた.

その不可能の壁を打ち破り,細菌や古細菌の系統関係を他の生物と同じ土俵で論じ,地球上のすべての生物を1つの系統樹の上に位置づけることを可能にしたのは異例の経歴をもつアメリカの微生物学者,カール・ウーズである.第1章では,日本ではあまり一般には知られていないウーズの成し遂げた偉大な研究にまつわる議論の顛末を紹介し,以後の章のなかでの原核生物から真核生物への進化を捉える基礎情報と位置づけている.第2章では生命の自然発生にまつわる研究者間の熱い論争を通して,次第に化学進化説が受け入れられていく歴史を振り返る.さらに第3章では,次の第4章で扱う真核生物の誕生のきっかけとなった環境変化をもたらした光合成細菌の進化を少し詳しく紹介する.第4章では,生物進化の過程における一大事変である真核生物の誕生について,いくつかの視点から総合的に議論し,この一大事変に含まれる生物学的な意味合いを考察してみたい.しかしこの分野の研究の宿命として,何十億年も過去の出来事を説明するためには,現在の生物のゲノム上に残された記録から読み解くか,希少な化石記録から推測するしか方法がない.しかも,古細菌の仲間は培養が難しくて,比較検討の俎上に載せられる材料も限られていた.そのような状況を打破したのは,環境試料から直接標的生物グループのDNAを抽出し,系統解析に供するというメタゲノム解析法と,それを支える系統解析法の発展である.これを機に研究者の探求はさまざまな環境に向けられ,次々に新しい古細菌が発見され,遂には真核生物にごく近縁の古細菌の発見に至る.最後の第5章では,このような新たな古細菌探索と,その結果得られた驚くべき成果について紹介し,「なぜ,われらが古細菌の末裔なのか」についての理解に結びつけたいと思う.

　本書は，私が大学で教鞭をとっていた 10 年以上昔の講義内容を
ベースに書き始めたが，完成せず放置してあった．そしてコロナ禍
で家のなかに閉じ込められて 2 年目を迎える 2021 年に一念発起し
て全面的に書き直したものである．自然科学の分野で 10 年のギャ
ップは大きく，その間にこの分野は目覚ましく発展した．稿を改め
るにあたり，この間に発展した内容をすべてフォローすることは到
底不可能で，つまみ食い的に論文を選び，目を通すしか方法がなか
った．共生と進化の関係に興味を持つという以外にこの分野との関
わりがない私が本書を上梓することには大きな無理があるかもしれ
ないが，この分野の重要性と面白さを学生や生物学に関心のある一
般の方々に伝えたいという元大学教員の無謀な夢を大目に見てもら
いたい．内容を熟知していないために犯した間違いが目につくかも
しれないが，その点については温かいご教示を賜れば幸いである．

　2023 年 1 月

二井一禎

目　次

①

すべては3ページの論文から
始まった

　ちまたに情報があふれる現代において，「細菌」，あるいは「バクテリア」という言葉を聞いたことがないという人はあまりいないのではないだろうか．しかし，それがどんな生物で，われわれ人間とどんな関わり合いがあるかということになると，その知識はとても曖昧であるように思える．例えば，細菌と菌類の違いはゴキブリとヒトの違いよりずっと大きいことを多くの人は理解していない．あるいは，細菌とウイルスを混同している人も多い．例えば細菌の大きさについて考えてみると，われわれの身の回りで，小さいものの例えによく使われる「コメ粒」（長さ約5 mm）は，細菌のなかでは比較的よく耳にする「乳酸菌」（*Lactobacillus*, 長さおよそ1 μm）に比べて，長さにして5000倍の大きさだが，例えばこのコメ粒をシロナガスクジラの大きさまで拡大したとき，同じ倍率で乳酸菌を拡大しても，やっとコメ粒の大きさにしかならない．そんな小さな生物が，しかも名前と大きさは細菌と似ているが，実は細菌とは全く異なるグループの細胞生物である「古細菌」こそがわれわれ人間

表1.1　ウーズとフォックスが1977年に発表した論文に載った有名な表

	1	2	3	4	5	6	7	8	9	10	11	12	13
1. *Saccharomyces cerevisiae*, 18S	—	0.29	0.33	0.05	0.06	0.08	0.09	0.11	0.08	0.11	0.11	0.08	0.08
2. *Lemna minor*, 18S	0.29	—	0.36	0.05	0.05	0.06	0.10	0.09	0.11	0.10	0.10	0.13	0.07
3. L cell, 18S	0.33	0.36	—	0.06	0.06	0.07	0.07	0.09	0.06	0.10	0.10	0.09	0.07
4. *Escherichia coli*	0.05	0.10	0.06	—	0.24	0.25	0.28	0.26	0.21	0.11	0.12	0.07	0.12
5. *Chlorobium vibrioforme*	0.06	0.05	0.06	0.24	—	0.22	0.22	0.20	0.19	0.06	0.07	0.06	0.09
6. *Bacillus firmus*	0.08	0.06	0.07	0.25	0.22	—	0.34	0.26	0.20	0.11	0.13	0.06	0.12
7. *Corynebacterium diphtheriae*	0.09	0.10	0.07	0.28	0.22	0.34	—	0.23	0.21	0.12	0.12	0.09	0.10
8. *Aphanocapsa* 6714	0.11	0.09	0.09	0.26	0.20	0.26	0.23	—	0.31	0.11	0.11	0.10	0.10
9. Chloroplast (*Lemna*)	0.08	0.11	0.06	0.21	0.19	0.20	0.21	0.31	—	0.14	0.12	0.10	0.12
10. *Methanobacterium thermoautotrophicum*	0.11	0.10	0.10	0.11	0.06	0.11	0.12	0.11	0.14	—	0.51	0.25	0.30
11. *M. ruminantium* strain M-1	0.11	0.10	0.10	0.12	0.07	0.13	0.12	0.11	0.12	0.51	—	0.25	0.24
12. *Methanobacterium* sp., Cariaco-isolate JR-1	0.08	0.13	0.09	0.07	0.06	0.06	0.09	0.10	0.10	0.25	0.25	—	0.32
13. *Methanosarcina barkeri*	0.08	0.07	0.07	0.12	0.09	0.12	0.10	0.10	0.12	0.30	0.24	0.32	—

The 16S (18S) ribosomal RNA from the organisms (organelles) listed were digested with T1 RNase and the resulting digests were subjected to two-dimensional electrophoretic separation to produce an oligonucleotide fingerprint. The individual oligonucleotides on each fingerprint were then sequenced by established procedures (13, 14) to produce an oligonucleotide catalog characteristic of the given organism (3, 4, 13–17, 22, 23; unpublished data). Comparisons of all possible pairs of such catalogs defines a set of association coefficients (S_{AB}) given by: $S_{AB} = 2N_{AB}/(N_A + N_B)$, in which N_A, N_B, and N_{AB} are the total numbers of nucleotides in sequences of hexamers or larger in the catalog for organism A, in that for organism B, and in the interreaction of the two catalogs, respectively (13, 23).

この表を注意深く見ると，9番目にリストされているのはウキクサの葉緑体である．それが細菌類のなかに位置づけられているのは，ウーズが，1967年に発表されていたリン・マーギュリスの連続細胞内共生説（4.1節参照）の支持者であったことを示している．Woese & Fox (1977) より引用．

の遠い祖先であるという，ちょっと信じがたい話を始めたいと思う．

1.1　1つの表が意味すること

　1977年にアメリカの米国科学アカデミー紀要という有名な科学雑誌に載った，**カール・ウーズ**（Carl R. Woese）と**ジョージ・フォックス**（George E. Fox）による1編の論文（Woese & Fox, 1977）が「古細菌」の物語の端緒となった．これはわずか3ページからなる論文で，そのなかに研究結果を凝縮した1枚の表が含まれている（**表1.1**）．

　そこには研究に用いられた多くの生物のなかから選ばれた13種の生物の学名が番号とともに表の左端に縦一列に，また同じ13種の番号が表の上端に横一列に並んでいる．縦列のある種と横列のある種のそれぞれが交差するところに，それら2種の生物相互間の近縁度を示す指数が示されている．ちょうど，2地点間の料金を交差

する点に表した高速道路の料金表のようになっているのだ．ここで
彼らが生物種間の近似度を求めるために使ったのは，細胞内に多数
含まれている**リボソーム**という微小顆粒で，この顆粒はタンパク質
を合成する場であることからも明らかなように，生命活動に不可欠
な要素として，細菌から動物，植物に至るまで，すべての生物の細
胞に存在している．近似度を求める実験にあたっては，主として多
くの種類の細菌などからこのリボソームを分離し，リボソームを構
成している 16S rRNA という核酸成分を精製したあと，その**塩基配
列**（文字の並びのようなもの）を調べるという手順で実験が繰り返
された．

　16S rRNA 分子は 4 種類の塩基（アデニン，ウラシル，グアニン，
シトシン）が 1600 個ほど連なった構造をしている．これら 4 種の
塩基がどのような順で並んでいるか（シーケンス）を決定すること
を**シーケンシング**というが，今日ではそれを**次世代シーケンサー**と
呼ばれる機械で自動的，かつ短時間で決定できるようになってい
る．しかし，ウーズがこの仕事をした当時（1965〜1990 年ごろ）は
そのような便利な機械はなかったので，非常に面倒で時間がかかる
まどろっこしい方法（**オリゴヌクレオチドカタログ法**）で，生物 1
種ずつについて，長い時間と手間暇をかけてその 16S rRNA の塩基
配列を決める必要があった．その方法を極端に単純化して説明する
と，まず，それぞれの生物から集められた 16S rRNA を **RNA 分解
酵素 T1** を使って小さな断片に切断し，それら断片を二次元電気泳
動法でスポット状に分離した上で，構成する塩基配列を決定し，そ
れら塩基配列の異同を生物間で比較するのだ．余談になるが，この
方法で重要な役割を果たした RNA 分解酵素 T1 は，4 種の塩基が長
く連なるリボ核酸（RNA）を常にグアニンの後ろで切断するという特
性をもった RNA 分解酵素で，日本人により発見されたものである．

　得られた結果をまとめたものが表1.1で，この表は一見何の変哲もないように見えるが，しばらく見ていると，あっと驚かざるを得ない表であることに気づかされる．まず実験に用いられた生物の学名を一つひとつ見ていくと，上端に酵母（*S. cerevisiae*），次にウキクサ（*L. minor*），哺乳類の培養細胞（L cell）といった具合に，真核生物の菌類，植物，動物から1種ずつ，次に，大腸菌を先頭に6種類の細菌名が並ぶ．さらにその下に *Methanobacterium* 3種，*Methanosarcina* 1種といったメタン生成菌4種が続いているのだ．

　わずか13種の，一見変な生物種の組み合わせだが，この種の選択のなかにウーズらの意図がはっきり読み取れる．この表は「細菌と動植物，菌類を同じ土俵に乗せて比較」しようとしている．これは当時としては前代未聞の大挑戦だ．実はウーズらはそのことをあまり強調していないのだが，それまでにも動植物と細菌の系統関係を明らかにできればと考えた人はいたかもしれないが，実際にできると考えた人はいなかった．それに，そもそも多種多様な細菌（原核生物）だけを分類するにも，当時は形態や栄養源利用能力，特定の染色剤に対する染色特性，酸素呼吸をするか否かなどの生理的特徴にもとづいて行われており，それぞれの細菌種間の系統関係を明らかにしようなどということを考えつく人はいなかった．このころの状況を**オルセン**（Gary Olsen）らは次のように言っている（Olsen *et al.*, 1994）．「かなりの努力にもかかわらず，微生物学者は決して原核生物間の系統関係を決定することができませんでした．彼らのなかには，結局この原核生物間の系統関係の解明を諦めただけでなく，この問題を解明することはできないと言い切る人までいました」．このように，細菌同士の系統関係すら明らかにするすべがないと考えられていた時代に，動物や植物，菌類など（真核生物）と細菌の系統関係を調べるなんて，誰も考えもしなかったに違いな

い．イリノイ大学の微生物学研究室の教授だったウーズにとって，これは微生物学者として異例の経歴をもつ自分なら解明できるに違いないと取り組んだ，挑戦的なテーマであった．

1.2　ウーズの辿った道

　ウーズは 1928 年にニューヨーク州の中央部に位置する田園都市，シラキュースで生まれた．彼の就学期は大恐慌後の経済不況と，続く第二次世界大戦の混乱期にあった．高校卒業後，マサチューセッツ州にあるアムハースト大学に進み，1950 年に数学と物理学の学士号を取得して 21 歳で卒業している．このように，元来生物学には全く興味がなかったウーズではあるが，このころ接した 1 人の教師の助言に従いイエール大学へ進み，生物物理学者のアーネスト・ポラード（Ernest Pollard）のもとで研究をはじめ，3 年後には 24 歳で生物物理学の博士号（Ph.D.）を取得した．1953 年，DNA の二重らせん構造が明らかにされた記念すべき年にいったんイエール大学を卒業したウーズは，ニューヨーク州内にあるロチェスター大学で 2 年間医学を学んだあとイエール大学のポラード研究室へ戻り，5 年間ポスドク生として枯草菌（*Bacillus subtilis*）の胞子発芽の研究をしていた．それらの研究を通じてウーズはリボソームについての知識を深めたと思われる．さらに，ポスドク期間が終わる 1960 年にゼネラル・エレクトリック社の研究所に移り，さらに 4 年間枯草菌の胞子発芽について分子生物学的な研究を進めた．

　一方，ウーズはメッセンジャー RNA（mRNA）上のトリプレット遺伝コードが一体どのように進化したのかということに興味をもち，さまざまな細菌のリボソーム RNA（rRNA）の塩基配列を比較しようとしていた．1963 年には，数カ月間フランスのパリにあるパスツール研究所で遺伝子の研究をする．そのとき同研究所を訪

れていたイリノイ大学微生物学部の**ソル・シュピーゲルマン**（**Sol Spiegelman**）教授は，ウーズに会って，自分が所属する大学に彼を招いたのだから，シュピーゲルマンには人の才能を見抜く力があったということだろう．ウーズは 1964 年に 36 歳でイリノイ大学のアーバナ・シャンペイン校にある微生物学部に助教授として赴任し，以後ここで終生（40 年以上）研究を続け，生物学に革命をもたらすことになる．

1.3 「分子時計」という概念との遭遇

赴任後，新しい研究環境で，自分の思うままに研究を展開しようとしていたウーズにとってその後の研究の指針となった考え方がある．それは，1962 年に分子進化学の祖**エミール・ズッカーカンドル**（Emile Zuckerkandl）と，量子化学や分子生物学の祖**ライナス・ポーリング**（Linus Pauling）が共著論文として発表し，さらに 1965 年の論文ではそれを「**分子時計**」という名で呼んだ新しい考え方であった（Zuckerkandl & Pauling, 1962; Zuckerkandl & Pauling, 1965）．1959〜1965 年に，この 2 人はさまざまな生物から集めたヘモグロビンタンパク質のアミノ酸配列を調べ，その配列上に起こったアミノ酸の置換数と各生物の系統上の位置とを対応させるという地道な研究を行っていた．

ズッカーカンドルらは，これらの研究を通して調べた生物のなかから任意の 2 種の生物を選ぶと，その 2 種間のアミノ酸配列の違いと，化石記録から知られているそれら 2 種の生物が共通の祖先から分岐した時期との間にきれいな相関関係があることに気づいた（**図 1.1**）．そこで，2 人は遺伝情報を担っている生体高分子である DNA，RNA，ポリペプチドがこのような分子系統学に用いるのに適した分子であると考え，タンパク質の一種，ヘモグロビンを研

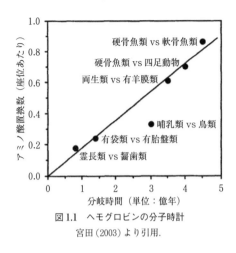

図1.1　ヘモグロビンの分子時計
宮田 (2003) より引用.

究対象に選んだのだ．当初彼らは酵素で分解したヘモグロビンを二次元クロマトグラフィー法で分離し，その泳動像を比較していた（いわゆるフィンガープリント法）．しかし，これでは彼らが目指すタンパク質分子のアミノ残基の置換数（変異数）の定量的把握はできなかった．そこで，同僚のウォルター・シュレーダー (Walter Schroeder) らの手を借りて完全なアミノ酸配列を決め，これを生物間で比較することによりアミノ酸残基の違いと各生物の分岐年代を比較することができるようになり，「分子時計」の概念を確立した（実際には学会の反応は厳しく，形態的特徴などを手がかりに進化を研究をしていた多くの研究者，例えば学会の大立者**エルンスト・マイヤー** (Ernst Mayr) や，**ジョージ・シンプソン** (George G. Simpson) などからは，1 つの分子の変異を手がかりに進化を論じる「分子時計」の考えは「狂気の沙汰」だと酷評を受けていたのだった）．このような，ズッカーカンドルとポーリングの分子生物学的な手法による進化研究の是非をめぐる熱い議論は，一方で若い

研究者ウーズに強い興味を与えたに違いない．なぜならウーズには「分子時計」という概念を客観的に理解できる経歴があったからだ．

さらに，同じころ，物理化学者でバイオインフォマティクスの開拓者として知られる**マーガレット・デイホフ**（Margaret Dayhoff）が多くの生物のタンパク質のアミノ酸配列データを集め，世に出始めたばかりのコンピュータを駆使してこれらのデータを数学的に処理し，生物系統樹を作成して公表し始めており，ウーズの心は穏やかではなかっただろう．

1.4　分子系統解析法の確立

ただ，このころになってタンパク質のアミノ酸配列を決定することはできるようになっていたが，DNA や RNA など核酸の塩基配列を決定する技術はまだなく，遺伝情報である DNA やそのコピーである RNA を対象に研究しようという研究者はほとんどいなかったと思われる．このような状況の下，ウーズは分子時計としてタンパク質よりも核酸の一種であるリボソーム RNA（rRNA），中でも 16S rRNA に白羽の矢を立てた．ウーズは 1960 年代前半から徹底して rRNA を調べており，この分子やこの分子が含まれるリボソームについてかなりの情報をもっていた．例えば，リボソームは (1) 進化の過程で適応的に付け加わった他の細胞構成要素とは異なり，長い進化史を通して保存された古い構造であり，(2) 細菌から動植物にわたるすべての生物の細胞に存在し，(3) どの生物においてもその機能は共通で，遺伝情報の翻訳（mRNA の遺伝情報にもとづき，アミノ酸を適切に並べて機能するタンパク質をつくる）という 1 つの仕事に特化されている．これら (1)～(3) により，リボソームが生物間の比較進化研究（分子系統解析）に適していることを把握していた．また，このリボソームを構成する 16S rRNA については，

(1) 遺伝情報の担体としてある程度のサイズ（約1550以上の塩基対の情報量）があり，(2)1細胞あたりのリボソーム量が$10^3 \sim 10^6$と膨大な数であるため，比較的簡単に分析に必要な量が得られる分子だという点を熟知していた．よって，ウーズが以後の分子系統解析に最適の分子として16S rRNAを選んだのは極めて合理的な選択であった．

　さらに，1965年になるとそれまで解読困難であったrRNAの塩基配列がフレデリック・サンガー（Frederick Sanger）らのグループによって解読され，その手法が公表された（Sanger *et al.*, 1965）．これで，具体的な手法の手がかりが手に入ったウーズは自分なりにその方法を改良しながら問題の解明を始め，1968年にはアクリルアミドゲル電気泳動法を用いて細菌のrRNAの分離法を開発している（Hecht & Woese, 1968）．そして，以後約10年間，研究室の学生や技官の協力を得ながら，ほぼウーズのチーム独力でコツコツと60種以上の細菌や，いくつかの真核生物から16S rRNAを取り出し，その塩基配列を決定していた．このころ，学会は分子生物学草創期の華々しい展開に目を奪われ，この間にも着実に研究成果を発表していたウーズ研究室の動向にはほとんど無関心であった．

1.5　隣の研究室はメタン菌の研究をしていた

　ウーズにとって幸運だったのは，隣の研究室がメタン菌の生化学を研究していたことだった．その研究室の教授，**ラルフ・ウォルフ**（Ralph Wolfe）は**メタン菌**を含む嫌気性細菌の専門家であったが，ウーズによる細菌の系統解析方法の合理性と，積み重なりつつあるデータの高い信憑性を理解し，ウーズと共同研究を始めることにした．

　1976年になって，ウーズとウォルフはメタン菌の16S rRNAを調べようと相談をしていたのだが，ウーズのグループが用いるRNA

断片の分離法（**フィンガープリント法**）においては，各断片の泳動位置を明示するため，RNA分子を構成するリン（P）を放射性同位元素 ^{32}P で標識しておかなくてはならなかった．しかし，成長（増殖）が遅い細菌ではこの ^{32}P から出る放射線による障害のため，RNA が十分に標識されるまでに成長が阻害されてしまう．この問題は，ウォルフのチームが開発した加圧培養技術により，メタン菌に効率よく ^{32}P 標識ができるようになり解決できた．こうして行われたメタン菌を用いた最初の実験のあと，ウォルフがウーズにその結果を尋ねたところ，「分離法の何かが間違っていたらしい．目的とするものとは違う RNA を分離してしまったよ」という返事が返ってきた．ウーズは再実験を行ったのだが，結果は同じだったらしく，不審に満ちた声で「ウォルフ，こいつらは細菌じゃないよ」という答えが返ってきた．

　しかし，この吐き出すようなウーズの言葉のなかに，その後生物界を揺るがす真実が秘められていたのだから皮肉なものだ．この実験を開始するまでにウーズのグループは 60 種以上の細菌の 16S rRNA から T1 酵素で分解した RNA 断片（これをオリゴヌクレオチドと呼ぶ）を取り出し分析してきた実績があった．その上で，今回調べたメタン菌がそれらの結果とは全く異なる泳動像を示すと判断したのだ．続いて他のメタン菌を使って行われた実験でも同じような結果が得られ，（この時点では）メタン菌だけが 16S rRNA に関して言えば他の細菌とは異なることが明らかになった．1977 年にウーズが学生のフォックスとともにここまでの研究結果をまとめて発表したのが，1.1 節で紹介した論文（Woese & Fox, 1977）で，メタン菌が他の細菌とは明らかに異なるグループに属することをわかりやすくしたのが **表 1.2** である．

表 1.2　3 つのドメインから選んだ 13 種の生物間の近似係数（表 1.1 を整理したもの）

			真核生物			真正細菌						メタン菌			
			1	2	3	4	5	6	7	8	9	10	11	12	13
真核生物	1. Saccharomyces cerevisiae, 18S ①		—	0.29	0.33	0.05	0.06	0.08	0.09	0.11	0.08	0.11	0.11	0.08	0.08
	2. Lemna minor, 18S		0.29	—	0.36	0.1	0.05	0.06	0.1	0.09	0.11	0.1	0.1	0.13	0.07
	3. L cell, 18S		0.33	0.36	—	0.06	0.06	0.07	0.07	0.09	0.06	0.1	0.1	0.09	0.07
真正細菌	4. Escherichia coli ②		0.05	0.1	0.06	—	0.24	0.25	0.28	0.26	0.21	0.11	0.12	0.07	0.12
	5. Chlorobium vibrioforme		0.06	0.05	0.06	0.24	—	0.22	0.22	0.2	0.19	0.06	0.07	0.06	0.09
	6. Bacillus firmus		0.08	0.06	0.07	0.25	0.22	—	0.34	0.26	0.2	0.11	0.13	0.06	0.12
	7. Corynebacterium diphtheriae		0.09	0.1	0.07	0.28	0.22	0.34	—	0.23	0.21	0.12	0.12	0.09	0.1
	8. Aphanocapsa 6714		0.11	0.09	0.09	0.26	0.2	0.26	0.23	—	0.31	0.11	0.11	0.1	0.1
	9. Chloroplast (Lemna)		0.08	0.11	0.06	0.21	0.19	0.2	0.21	0.31	—	0.14	0.12	0.1	0.12
メタン菌	10. Methanobacterium thermoautotrophicum		0.11	0.1	0.1	0.11	0.06	0.11	0.12	0.11	0.14	—	0.51	0.25	0.3
	11. M. ruminantium strain M-1		0.11	0.1	0.1	0.12	0.07	0.13	0.12	0.11	0.12	0.51	—	0.25	0.24
	12. Methanobacterium sp., Cariaco isolate JR-1		0.08	0.13	0.09	0.07	0.06	0.06	0.09	0.1	0.1	0.25	0.25	—	0.32
	13. Methanosarcina barkeri		0.08	0.07	0.07	0.12	0.09	0.12	0.1	0.1	0.12	0.3	0.24	0.32	—

①真核生物 vs 真核生物，②真正細菌 vs 真核生物，③メタン菌 vs 真核生物，④真正細菌 vs 真正細菌，⑤メタン菌 vs 真正細菌，⑥メタン菌 vs メタン菌．

　表1.2ではまず，同じグループの生物同士の間（真核生物 vs 真核生物，真正細菌 vs 真正細菌，メタン菌 vs メタン菌）の近似係数の値が大きく，異なるグループとの間ではその値が小さくなることを確認してほしい．特に，メタン菌と真核生物の間の近似係数（③）や，メタン菌と真正細菌の間の近似係数（⑤）に注目すると，それぞれの値は 0.07〜0.13 と 0.06〜0.14 になり，隣のメタン菌とメタン菌の値（⑥）が 0.25〜0.51 であるのと際立った違いを見せている．つまり，メタン菌は真核生物と遠い隔たりがあるのと同じくらい，他の真正細菌とも隔たっているのである．

　これまでに得られた多くの研究結果から導いたこの結論にもとづき，この論文でウーズは生物系統関係に関する新しい枠組みを提案した．それは，原核生物と真核生物という既往の2元論ではすべての生物界をカバーしきれないという主張であった．つまり，生物界は原核生物と真核生物という2つのカテゴリで分けるべきではなく，細菌にも真核生物にも含まれないメタン菌のような第3のカテゴリの生物（アーキバクテリア[1]と呼ぶ）も含めて3つのカテゴリからなるという新しい大胆な主張である．

　実はウォルフらはメタン菌から得られる補酵素だけが他の細菌のものと異なることを突き止め，その事実に当惑していたのだが，ウーズとの共同研究は，メタン菌のこの特異性に支持を与えるものとなった．さらにウォルフは，メタン菌が他の細菌とは異なる特異な生物であることを確信するために，ドイツの**オットー・カンドラー**（Otto Kandler）に連絡を取った．というのも，カンドラーのグループはそれまでさまざまな細菌の細胞壁成分を研究していた

---

[1] このとき発見された新しい原核生物は，現在「アーキア」とか「アーキバクテリア」と呼ばれることが多いが，本書ではあえて「古細菌」と呼ぶことにする．

が，その年（1976 年）までにメタン菌の一種，*Methanosarcina* や高度好塩菌（halobacteria）が，細菌ならその細胞壁成分として当然もっているはずのペプチドグリカンをもっていないことを報告しており，これらが他の多くの細菌とは非常に異なることを認識していたからだ．さらに，彼らは，のちに古細菌と呼ばれる仲間から，今日シュードペプチドグリカンと呼ばれる新しい細胞壁成分を発見し，その構造と生合成についても研究していた．そのことを知っていたウォルフはカンドラーに手紙を書き，ウーズが 16S rRNA の解析からメタン菌が他の細菌とは全く異なる系統であることを明らかにしたこと，カンドラーに興味があるなら細胞壁研究のためウーズが実験に使ったメタン菌を送るという趣旨を伝え，すぐにメタン菌，*Methanobacterium* を送り届けた．この手紙を受け取ったカンドラーは大変驚き，「古細菌」という考え方は原核生物の系統を考える上で大きな転機になると確信したようだ．翌 1977 年にカンドラーは，イリノイ大学までやって来て直接ウーズから話を聞いた．そして，ウーズが実験に使ったメタン菌もペプチドグリカンをもたないことを明らかにしただけでなく，1978 年には他のメタン菌もペプチドグリカンを全くもたないことを報告したのだ．カンドラーのグループが明らかにした事実は，メタン菌が他の細菌とは全く異なることを強く支持する 3 つ目の証拠となった．

このように，他の細菌とは異なる生物群としてウーズやウォルフに認識されたのは，ウォルフが研究材料にしていたメタン菌だけだったが，その後，他にも古細菌として認知される特異な「細菌」についての報告が見られるようになっていた．1 つは昔から塩田を真っ赤に染めることで知られていた高度好塩菌で，1962 年にはその一種，*Halobacterium cutirubrum* が特異なエーテル型脂質（**図 1.2**）をもつことが報告された．他方，1970 年代にはボタ

14

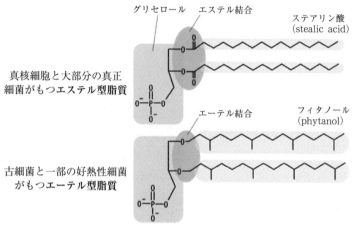

グリセロール　エステル結合　　　ステアリン酸
(stealic acid)

真核細胞と大部分の真正
細菌がもつエステル型脂質

エーテル結合　　　フィタノール
(phytanol)

古細菌と一部の好熱性細菌
がもつエーテル型脂質

図1.2　エステル型脂質とエーテル型脂質
浅島・駒崎 (2010) より引用.

山から好熱性で酸性を好む「細菌」*Thermoplasma acidophilum*
が，また 1972 年にはイエローストーンやイタリアの高温の温泉か
ら *Sulfolobus* 属の**好熱好酸性菌**が発見されていたが，これらも他
の細菌とは異なるエーテル型脂質をもつことが明らかにされた.

　さらに，1978 年になると，3 種のメタン菌，*Methanobacterium
formicium* と *Methanobacterium formicicum*, *Methanospiril-
lum hungatei* の脂質がエーテル型脂質であることが報告され，同
年にはウォルフ自身の研究室でも好熱メタン菌の *Methanobac-
terium thermoautotrophicum* がエーテル型脂質をもつことを
確かめた. そこで，それまでに報告のあった，*Halobacterium*,
Halococcus, *Sulfolobus* や *Thermoplasma* などとの共通性を確
認した上で，特に，このとき実験に使ったメタン菌の脂質が好塩菌
Halobacterium cutirubrurn の脂質とよく似ていることにもとづ
き，高度好塩菌とメタン菌が共通の祖先から進化したことを強調し

ている．このように，細菌の脂質とは異なる膜脂質をもつという共通性から，高度好塩菌や好熱好酸菌が，以後古細菌の一員として考えられるようになるのだ．このように，新しく見つかったものも含めて古細菌が他の細菌とは異なる膜脂質をもつということは，古細菌が他の細菌とは全く異なるグループであることを強く支持する4つ目の証拠となった．

1.6　成果の発表と学会の冷たい反応

　このようにして周到な基礎固めの上で公表されたウーズとフォックスによる1977年の論文だが，概ね興味をもって迎えた世間の反応とは対照的に，学会の反応はこれ以上はないと言えるほどひどいものであった．メタン菌が細菌とは異なる，もちろん真核生物とは異なる「第3の生命の形」だとして新聞各紙の一面を飾ったのは同年11月3日木曜日のことだ．まさにこの日，米国科学アカデミー紀要に掲載された彼らの論文が世に出たのだが，それに先立ちウーズの研究に資金提供してサポートしていたアメリカ国立科学財団（NSF）やアメリカ航空宇宙局（NASA）はウーズの研究結果を歓迎し，プレスリリースを準備した．ウーズは記者たちに研究結果の重要性を説明するとき，彼らに専門用語でわかりやすく説明することが難しいと感じていたが，「第3の生命の形」という言葉を使うと，彼らはこの研究結果の重要性を理解したようだった．そしてこの言葉「第3の生命の形」が彼らが書いたどの記事のなかでも際立っていた．

　ウォルフは当時を振り返り，これらの新聞記事に対する学会，特に微生物学者からの反応は「信じることができない」という否定的なもので，敵意さえ含まれていた，と語っている．11月3日の朝，ウォルフの電話は鳴りっぱなしだったが，ノーベル賞受賞者でイリ

ノイ大学微生物学部の元同僚（当時はマサチューセッツ工科大学
（MIT）の教授）であった**サルバドール・ルリア**（Salvador Luria）
からの電話が最も科学者らしさに欠け，研究内容にも無関係な次
のようなものであったという．「ラルフ，こんな無意味なものから
身を引くべきだ．さもなければ，君の経歴が台無しになる」．ウォ
ルフは，「実験結果は確かで，今回報道された内容の正しさを証明
している」と反論し，「その詳細は今日出版される米国科学アカデ
ミー紀要に載っているので，もしその論文を読んだあとで議論が必
要なら，また電話をくれるように」と言ったが，ルリアは，「ああ，
手元にその雑誌が来たよ」と言ったきり，二度と電話をかけてくる
ことはなかったということだ．

　当時の微生物学者がウーズの見解「第3の生命の形」を否定した
り，無視したりしたのには2つの理由が考えられる．1つはそれま
で，顕微鏡で見て形態の違いで判断するか，栄養としてどのような
物質を利用できるか（資化性）によって微生物を分類してきた微生
物学者には，1つの分子を手がかりに分類するなど信じられなかっ
たのであろう．もう1つは，ウーズが実際に行った実験手法が理解
できなかったことも理由の一つであったに違いない．自説に拘泥し
たり，自分の立場に固執することが多い保守的な研究者は，理解で
きない概念や，理解したくない概念に遭遇するとこれを否定した
り，批判したり，挙げ句の果てに無視したりしがちになる．多くの
研究者がそうで，彼らはウーズの論文を読みもしないで，先に新聞
記事を見て拒否反応を示したのだ．ルリアの場合，「第3の生命の
形」に連なるすべての概念を散々ばかにした上，さらに悪意を感じ
るのは，ウーズの共同研究者ウォルフに電話をして，ウーズに反旗
を翻すようにそそのかした点だ，とウーズはルリアが示した敵意を
苦々しく回顧している．そして，他の研究者も，ノーベル賞受賞者

で学会の重鎮であったルリアの批判的な反応に同調してウーズを
ばかにしたが，それは明らかに常識的な礼儀を逸脱するものだっ
た．彼らの間ではウーズは微生物学者でもなければ進化学者でもな
い「偏屈な変人」と呼ばれていた．多くの生物学界のリーダーたち
はウーズのことを「クレイジー」だと見なし，RNA では彼が解明
しようとしている問題はおそらく解けないだろうと考えていた．そ
のため彼に学会で自説を発表する場さえ与えなかった．もともと内
向的な性格だったウーズはこれらの学会の対応に心から嫌気がさ
して，ほとんどアメリカ微生物学会に参加しなくなったが，このこ
ともこのような学会の対応を助長したに違いない．ウーズに代わっ
て悪意に満ちた批判を受け止め，ゴシップに対応しなくてはならな
くなったのはウォルフであった．1980 年代前半のアメリカ微生物
学会でのこと，細菌学の聖書とも呼ばれる**バージィズ・マニュアル**
(Bergey's Manual) の編者，ムーレイ (R. G. E Murray)[2] は廊下で
ウォルフとすれ違いざま，手を振りながら，「古細菌というのは，
ありゃ，ただの細菌だよ」と呟いたという．このように，学会の反
応はウーズの提唱した概念に対する完全否定で，彼らはウーズらの
公表していたデータを見もしないで無視しようとした．このことは
古細菌や生命の起源の研究に大きなブレーキをかけることになって
しまった．また，このようなウーズに対するアメリカ微生物学会の
態度，中でもルリアをはじめとした学会のリーダーたちの態度は，
この学会や重鎮らの栄光の歴史に大きな汚点を残してしまった．

　カンドラーをはじめとするドイツの研究者たちの活発な古細菌研
究が成果を挙げ，アメリカ国内でもウーズの仲間や教え子が次々に

---

[2] ムーレイは結局 1986 年版のバージィズ・マニュアルに古細菌を取り入れたが，そ
れは原核生物界の一つのサブグループとして古細菌を扱うにとどまっていた．

成果を発表し始めると，ウーズらの「第3の生命としての古細菌」という考え方は，1980年代中ごろまでにはかなり科学界に浸透するようになっていった．一方で，ウーズの研究室では16S rRNAの解析法による細菌，古細菌，真核生物を対象としたデータの収集を続けていた．このような背景のなかで自説に自信を深めたウーズは，1990年にミュンヘン大学のカンドラーとカリフォルニア大学バークレー校の微生物学者マーク・ウィーリス（Mark Wheelis）とともに「第3の生命の形」の考えをさらに発展させた「**3ドメイン説**」を発表したのだ（Woese *et al.*, 1990）.

1.7 3ドメイン説の提起（ウーズらによる1990年の論文）

その論文のタイトルは「生物界の自然分類に向けて：3つのドメイン，アーキア，バクテリア，ユーカリアの提言」という，少なからず挑戦的なものであった．それまで大方の研究者が不可能だと考えていた細菌の系統分類を目指していたウーズが，ポーリングとズッカーカンドルの分子時計の論文（Zuckerkandl & Pauling, 1962）に触発され，細菌の系統分類のために最適な候補分子として選んだのが16S rRNAであった．サンガーが1965年に開発した**フィンガープリント法**という具体的な実験手法を手に入れたウーズとそのグループは，ほぼ単独で16S rRNAのヌクレオチドのデータを積み上げ，この分子データの方が，形態や生理的な特徴など伝統的な分類学で用いられてきた表現形質よりも生物間の進化系統関係をはるかに的確に表している（特に表現形質の乏しい微生物において）という確信をもった．

実は，1970年代に始まったウーズのグループによる研究の前には，生物進化の研究はほぼ後生動物と陸上植物を対象にするものに限られていた．これらの生物なら，その複雑な形態や化石の記録か

ら系統樹をさかのぼることも可能だろう．だが，これらの生物が登場する時期はせいぜい 8 億年ほど前だ．したがって，38〜40 億年ほど前に始まったと考えられている生命の歴史の最初の 80% は微生物しか存在しなかったのだが，その時代の生物の進化については手がかりがなかった．つまり，微生物の場合，その形態や他のいかなる形質を使っても進化をたどることは不可能に見えた．だが，生体分子である核酸の塩基配列やタンパク質のアミノ酸の配列には膨大な進化の情報が秘められている．このような分子の配列解読が微生物の進化研究に革命をもたらし，生命誕生の時代まで進化の歴史をたどることを可能にした．このような分子系統学の発展によりこれまでの生物の分類体系が時代遅れになっていることが明らかになっていった．公式の分類体系を分子データから明らかになった自然系統に沿うよう変更する必要があった．そのためには，古い体系に少々の手を加えるだけでは不十分で，人々が慣れ親しみ，彼ら自身に染み付いた生物界の分類体系やその基本に関する常識をいったん捨て去る必要があった．ウーズらが提案した新しい分類体系では，それまでの分類体系の基本的なところ（分類体系の最も高次の階層）から改革をしようとしたのだ．

　この論文でウーズはまず，それまでのいくつかの代表的な分類体系，例えば**エルンスト・ヘッケル**（Ernst Haeckel）の **3 界説**や**ハーバート・コープランド**（Herbert Copeland）の **4 界説**，**ロバート・ホイッタカー**（Robert Whittaker）の **5 界説**などを，生物の系統分類という視点からは重要な誤りを含むものとして批判した．特に，一般に広く受容されていたホイッタカーの 5 界説については，モネラ（原核生物）界と他の 4 つの界（動物界，植物界，菌界，プロティスタ（原生生物）界）が同列に扱われ，モネラ界と他の 4 つの界（真核生物）の間の違いが，生物全体を 2 つに分ける重要な違い

であることを無視していると痛烈に批判した．なぜなら，この点についてはフランスの原生生物の研究者**エドゥアール・シャトン**（Édouard Chatton）が 100 年以上前に「すべての生物は真核生物と原核生物という 2 つのカテゴリに分けることができる」と提案していたからである．ウーズは，この真核生物／原核生物 2 元論は 5 界説とは考え方が全く相いれないはずなのに，また，明らかに 2 元論の方が 5 界説よりも系統学的には正しいという証拠が山ほどあるのに，長い間両説が並存しているのは不思議だと分類学者を批判した．さらに，批判の矛先は真核生物／原核生物 2 元論そのものにも及び，この説が基本的に細胞学に根ざしたもので，系統学的な視点は二次的で推論によるものだと否定した．しかし，多くの生物学者はこの点を理解せず，細胞学的に多くの特徴をもつ真核生物と細胞学的特徴をほとんどもたない原核生物を対等な 2 つのカテゴリとして見なしているとウーズを厳しく批判している．

　1950 年代に細胞について分子生物学的な，あるいは細胞学的な理解が急速に深まったので，原核生物を積極的に定義することも原理的には可能になったのだが，分子生物学者は少数のモデル生物で研究をしようとしたとき，取り上げた微生物を他の種と比較することが不可欠であったにもかかわらず，原核生物が単系統であると勝手に決め込み，大腸菌（*Escherichia coli*）を原核生物の代表として取り扱ってきた．この「原核生物が単系統である」という仮定はやがて生物界には原核生物と真核生物が存在するという二元論が提示される際に既定の事実として承認されてしまうのだが，ウーズらの古細菌の発見がこの過ちを明らかにすることになった．

　細胞学レベルでは古細菌（**アーキア**）は紛れもなく原核生物であり，真核生物的な特徴は全くもっていない．しかし，分子レベルでは他の真正細菌に似ていると同時に，同じくらい真核生物

に似ている．だから，古細菌と真正細菌をひとまとめにした「原核生物（その同義語のモネラ）」は系統学的に意味のある分類群とは言えない．このように既往の分類体系を手厳しく批判した上で，ウーズらはこれまでの「界：kingdom」という分類階の上に3つのドメイン，**ユーカリア**（Eucarya：真核生物），**バクテリア**（Bacteria：細菌），アーキア（Archaea：古細菌）を置く新しい分類体系を提案したのだった．さらに個々のドメインについても改革を求め，ユーカリアについては，植物界（Plantae），動物界（Animalia），菌界（Fungi）をこれまで通り踏襲するとともに，原生生物界（Protista）を廃止していくつかの祖先系統に従いそれぞれ界として独立させることを提案した．また，ドメイン・バクテリアについては，これまで「〜門」とされた分類階を「〜界」に格上げするように進言している．一方，古細菌に関しては，その下に，メタン菌や高度好塩菌，好熱菌などを含む**ユーリアーキオータ**（Euryarchaeota）界と，好熱好酸菌や硫黄依存菌を含む**クレンアーキオータ**（Crenarchaeota）界を置くことを提案した．

　この流れを決定的なものにしたのは，1996〜1997年に古細菌の一種 *Methanococcus jannaschii* の全ゲノムの解読が報告されたときだろう（Bult *et al.*, 1996; Koonin *et al.*, 1997; Morell, 1997）．この古細菌には1700余りの遺伝子が含まれていることが明らかになったが，そのうち細胞内での機能が推定できたのは40%足らずにすぎなかった．そのうち，エネルギー生産や細胞分裂，代謝に関連した遺伝子は真正細菌の遺伝子に近いが，遺伝子の転写や翻訳，複製に関わる遺伝子は真核生物のそれに近いことが明らかになった（**表1.3**）．

表1.3　3つのドメインの生物の比較

	特徴	バクテリア	古細菌	真核生物
細胞構造	大きさ	1～10 μm		5～100 μm
	細胞の移動	細菌型鞭毛，滑走	古細菌型鞭毛	鞭毛（チューブリン），形状変化
	組織化	単細胞，まれに群体		単細胞，群体，多核体，多細胞
	細胞分裂	Zリング	ESCRT複合体，Zリング，出芽	アクチンとミオシンからなる収縮環
	細胞壁	ペプチドグリカンなど	タンパク質など	糖鎖など
	細胞膜	エステル型脂質 (sn-1, 2位)	エーテル型脂質 (sn-2, 3位)	エステル型脂質 (sn-1, 2位)
	細胞小器官	なし		細胞核，ミトコンドリアなど多数
	細胞質	細胞骨格は限定的		細胞骨格をもち原形質流動あり
	エンドサイトーシス	起こさない		起こす
核酸・タンパク質関係	DNA	環状		直線状
	DNA結合タンパク	HUタンパク	古細菌型ヒストン	ヒストン
	ゲノムサイズ	小さい		大きい
	DNA複製酵素	ファミリーC	ファミリーBおよびD	ファミリーB
	プロモーター	プリブノーボックス	TATAボックス	
	転写開始機構	シグマ因子	転写開始前複合体	
	RNAポリメラーゼ	単純	複雑	
	mRNA	修飾を受けない		キャップ構造付加，スプライソソーム型イントロン
	リボソーム	50S + 30S		60S + 40S
		ストレプトマイシン感受性	ジフテリア毒素感受性	
	翻訳開始tRNA	フォルミルメチオニル-tRNA	メチオニル-tRNA	
	tRNA	イントロンなし	イントロンあり	
	ATP依存性プロテアーゼ	FtsHなど	プロテアソーム	

□ 各ドメインに固有の形質　　■ 2つのドメインに共通の形質

https://ja.wikipedia.org/wiki/古細菌 より引用し，改変.

1.8 3 ドメイン説に対するマイヤーの批判

　このように，ウーズらのアーキアの確立による 3 つのドメイン説は生物関連の学会でも広く理解が深まっていたが，進化生物学の分野の最高権威の一人であった**マイヤー**はアーキアを独立した生物群としては認めず，細菌の一部であるという立場を固持したのであった．1977 年 11 月にウーズとフォックスの論文が発表されたとき，記者から意見を求められたマイヤーは「第 3 の生命の形」なんて，ナンセンスだと嘲笑したが，彼がこの概念を拒否したのは，ウーズらの実験データにもとづくものではなく，ウーズらの考えが「原核生物–真核生物」という当時の生物学の基本概念を侵害したからだった．そして，1990 年にウーズが科学論文の公式な分類学的単位としてアーキアという用語を使い始めたときもマイヤーはその批判の論陣に加わり，1998 年には「2 つの帝国，あるいは 3 つ？」という有名な論文を公表した (Mayr, 1998)．この論文でマイヤーは，3 ドメイン説が科学界で既に定着しつつあるにもかかわらず，また，彼自身 94 歳という高齢であるにもかかわらず，気迫を込めて 3 ドメイン説を否定し，「**原核生物–真核生物二分法**」の正当性を主張しようとした．この論文を通してマイヤーが指摘した 3 ドメイン説への問題提起は，（ウーズへの蔑視を引きずっている）当時の多くの生物学者の批判的な意見や，既往の生物学的視点からの 3 ドメイン説批判の論点を知る上で参考になる．

　マイヤーは「キリンの唯一の近縁種オカピの発見や 6000 万年前に絶滅したはずのシーラカンスの再発見など過去 100 年の間には生物の多様性に関して素晴らしい発見があったが，いわばこれらの発見は生物多様性の世界地図の上では単に小さな点にすぎない．それに比べて，カール・ウーズによる古細菌の発見は新しい大陸を

発見したようなものだ」と，最大限の賛辞で語り始めるのだが，一方で，ウーズが生物学出身でないため，分類学的素養がなく，「生物界をうまく2つのカテゴリに分けた『原核生物–真核生物二分法』を捨て，分類学的に間違った立場から3ドメイン説を提示した」と厳しく批判した．批判の中身はこの言葉に尽きるのだが，ウーズの分類学的間違いを指摘したり，その他以下のようにさまざまな視点から理由を連ねたりしてウーズの考えを批判した．

(1) 3つの分類群として提起しているアーキア，バクテリア，ユーカリアのそれぞれに含まれる種数に大きな違いがあり，並立する分類群としてはこの三分法は正しくない．

(2) ウーズは最初，古細菌は生命誕生時の地球環境に類似した高温の温泉や塩田などの極限環境に生息する生物だと考え，"archae（古い）bacteria" と名付けたが，その後，海水，水田，沼などに普通に生息することが明らかになったため，名称の修正を迫られて "Archaea" という名にした．しかし，これではこのグループの本質である細菌という部分が削除され，「古い」というこのグループの生態を反映しない意味だけが残ってしまったことになる．

(3) アーキアの遺伝子を解析した最近の結果 (Koonin *et al.*, 1997) では，その77%は真正細菌の遺伝子に近く，真核生物の遺伝子に近いものは23%しかなかった．つまり，アーキアと真正細菌はよく似ているが，真核生物とはそれほど似ていない．

(4) 伝統的な生物の分類群，原核生物と真核生物について理解せずに，3ドメイン説を提案した．この提案に対して，かなりの反論が，特に微生物学以外の分野から出てきた．

(5) シャトンが提唱した「原核生物–真核生物二分法」に科学的

な検討を加え広く定着させた功労者，**ロジャー・スタニエ**
(Roger Stanier) と**コーネリアス・ヴァン・ニール** (Cornelis
van Niel) は原核生物と真核生物の違いを受け入れたとき，メ
タン菌や好塩菌のような古細菌のことは承知しており，古細菌
が表現形のレベルで他の細菌に似ているため，ためらうことな
くこのグループを原核生物に含めたという経緯があるが，これ
を無視している．

(6) ウーズは「系統学的分類体系」の側に立つとあちこちで明言し
ている．この言葉は分岐分類学のなかで好んで用いられる．つ
まり，ウーズが寄って立つ分類学は**分岐分類学**なのである．も
し，真核生物が古細菌の進化の過程で新しく分岐した分類群か
ら進化したのなら，分岐分類学的立場からは古細菌は側系統群
ということになる．逆に古細菌と真正細菌の分岐が進化の早期
に起こっていたのなら，それはどれほど昔で，分岐後どれほど
の期間，どの程度までこの 2 つの原核生物は共通の形質を共有
していたのだろう．また，古細菌と真正細菌が共通の祖先から
由来していると考えるなら，分岐分類の立場からはこれらを 1
つの単系統にまとめなければならないはずだ．これら 2 つの点
において，ウーズは分岐分類学のルールに従っていない．

　マイヤーは，上記の他にもいくつもの論点からウーズの 3 ドメ
イン説を執拗に批判したが，要するに，一般の細菌（バクテリア）
と古細菌（アーキア）の間にはウーズが強調するほど大きな差はな
く，わざわざ 2 つのドメインに分割する必要はないという点に批判
の論拠は尽きるのである．そしてそれに比してバクテリアとアーキ
アをまとめた原核生物と真核生物の間には大きな差があり，「原核
生物-真核生物二分法」だけが生物界の構造を正しく反映している

と二分法を擁護したのである．マイヤーは終生この立場を取り続け
たことでも有名であるが，マイヤーの他にも有名な進化学者である
トーマス・キャバリエ＝スミス（Thomas Cavalier-Smith）もずっ
と「原核生物–真核生物二分法」に固執していた．

　マイヤーの論文がこの年の5月に出たあと，ウーズは発表前のマ
イヤーの原稿を読んだ上で7月末にはその批判に応える論文を出し
ている（Woese, 1998）．詳しくは1.9節で紹介しよう．

1.9　マイヤーの批判に対するウーズの回答

　以下，できるだけウーズの言葉で，マイヤーの批判に対するウー
ズの回答を記す．

　　　私は以前，「原核生物–真核生物二分法」の概念はこれまで
　　適切に検証されなかったと指摘しました．そして，この単純
　　な二分法で研究者が満足していたために，生物学のその後の
　　発展が阻害されたと私は信じています．それは，とりわけ微
　　生物学の分野では顕著で，この分野で真の科学的基礎であ
　　るべき「細菌の概念」が決して発達しなかった事実はまさに
　　このことが原因だと考えます．「原核生物–真核生物二分法」
　　は，過去から続くこのような過ちを引きずっていますので，
　　今この教義に戻ることは，現在目覚ましい発展を遂げつつあ
　　る微生物学や進化の研究に決して良い影響を及ぼすことには
　　ならないでしょう．

　　　マイヤー博士の論文に詳細な，あるいは本質的な議論を返
　　すつもりはありませんが，一部については詳細な議論が必要
　　かもしれません．マイヤー博士と私では非常に異なる視点か
　　ら物事を見ており，公開する必要があるのは，特定の狭い分

類学的論争ではなく，2人のこの視点の違いです．したがって，私はマイヤー博士が彼の論文で実際におっしゃりたいこと，つまり生物学がとるべき将来の方向性に関する意見にお応えします．

　マイヤー博士の論文は，一見分類学的な揚げ足取りのように見えるのですが，実際はそうではなく，生物学の本質に関する博士の考え方を主張されているのです．したがって，私はそれに応じて次のようにいくつかのテーマについて考えを述べました．要約しますと，

(i) 生物学的分類の性質：生物学的分類とは，要するに，私たちの思考と実験を導く包括的な進化論に他ならず，その分類体系は進化の実相を反映するように構造化する必要があります（また，必要に応じてその構造を変更する必要があります）．

(ii) 原核生物–真核生物二分法：マイヤー博士が生物学のなかでその意義を再確認することを提案しているこの二分法は，これまで決して理論として検証されることがなかった分類理論の失敗作であり，その実態を調べてみると今世紀の後半，生物学，特に微生物学の発展に悪影響を及ぼしてきたということが明らかになりました．

(iii) ある生物のグループが科学的に重要と認識される場合，その重要性はその生物グループの自然界における重要性を反映していなければなりません．微生物の場合，顕微鏡を通して見えたものと，その微生物の生理的，あるいは遺伝的な性質の間のギャップは非常に大きく，生物学者はそれに対処す

る必要があります.

(iv) 微生物の多様性：微生物学が微生物の生き方の多様性を探求し，定義するための（系統学的）枠組みを手に入れたのは，ほんの数十年前のことです．私たちは今も微生物の生き方についてはほとんど何も知りません．微生物の多様性は，これまでに識別された微生物種のリストをはるかに超えています．この惑星の生物圏を定義するのはその多様性であるため，微生物の多様性の質を理解する必要があります.

(v) 進化は分子生物学の基本構造に統合されなければなりません．分子生物学は当初から，個体と分子を，それらを生み出した「歴史的事象」から本質的に独立していると見なしてきました．しかし，本当の意味で生物とは進化の所産なのだということを理解しなければなりません．つまり，個体レベルであれ分子レベルであれ，生物的実体を包括的に理解するということには必然的に進化の要素が含まれているということなのです.

(vi) 最後に，マイヤー博士と私との間の不一致は，実際は分類に関するものではありません．それは各々の生物学に対する考え方の違いに根ざしています．マイヤー博士は，過去10億年の進化を扱っていますが，私は，生命誕生後の最初の30億年を扱っています．彼の生物学は多細胞生物とその進化に集中しています．一方，私は全生物の共通祖先とその直系の子孫に興味が集中しています．彼の生物学は視覚体験，直接観察にもとづく生物学です．一方，私の生物学では，生物を直接見たり触れたりすることはできません．それ

は，分子，遺伝子，およびそれらの推定された歴史の生物学
です．マイヤー博士にとって進化は「表現型の出来事」で
す．私にとって，進化は主に進化の過程であり，その結果で
はありません．これら2つの展望のなかで見た生物学という科
学は，大きく異なり，今後その違いはさらに大きくなります．

　このように，2人の議論はあまりうまく噛み合っていないが，古
細菌（アーキア）の発見以来20年を経て，当初学会からほとんど
村八分のような扱いを受けていたウーズもその後自説を支える研究
結果が積み重ねられ，学会で広く3ドメイン説が認知されるに及び
自信を深めていたのであろう．進化学の大御所マイヤーの主張を軽
くいなし，自説の正しさを主張しきっている様子がうかがえる．

1.10　3つのドメインの系統樹上における関係
ウーズの3ドメイン説

　多くのバクテリアや古細菌を対象に，地道な実験を積み重ねて集
めた16S rRNAのデータにもとづき，ウーズは1987年に「細菌類
の進化」という論文を発表する（Woese, 1987）．これは，ウーズが
イリノイ大学の微生物学研究室に着任して以来の大きな目標の達成
というべき成果であった．その論文では，さまざまなバクテリア全
体を取りまとめた系統樹や，内部に大きな変異を含むプロテオバク
テリア門の系統樹，あるいは古細菌ドメインの系統樹や真核生物を
対象とした系統樹を示しているが，まず最初にそれらを包含し生物
界全体を概括した系統樹を示している（**図1.3**）．

　しかし，これは系統樹に根がない「無根系統樹」なので，この
図のままでは3つのドメイン誕生の時間的な関係が把握できない．
この系統樹については名古屋大学の**大沢省三**，**堀寛**らのグループ

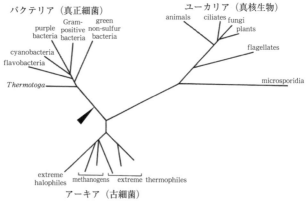

バクテリア（真正細菌）　　　　ユーカリア（真核生物）

図 1.3　3 つのドメインの関係を表した系統樹（ウーズの系統樹）
Woese (1987) より引用し，改変．

とカリフォルニア大学の**ジム・レイク**（Jim Lake）から批判が寄せられた．まず，大沢らのグループは rRNA の小さなサブユニット 5S rRNA を使って 3 つのドメイン（バクテリア，アーキア，ユーカリア（真核生物））の系統樹をつくり，古細菌は真核生物に近縁であって，真正細菌とはむしろ遠い関係にあると主張した（**図 1.4**; Hori & Osawa, 1979）．

レイクはリボソームを構成する大小 2 つのサブユニットの電子顕微鏡写真を比較して，バクテリアは古細菌のうち，ユーリアーキア（メタン菌や高度好塩菌）と近縁で，真核生物（ユーカリア）は古細菌のうちクレンアーキア（エオサイト，好熱菌）に近いと報告し（Lake *et al*., 1982; Lake *et al*., 1984），ウーズが提唱し，定説化しつつあった 3 つのドメイン説を根底から覆すような発表を行った（**エオサイト説**）．

しかし，大沢らが用いた 5S rRNA は塩基数が 120 と情報量が少なく，系統解析における分析力（解像度）が低いという欠点があ

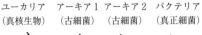

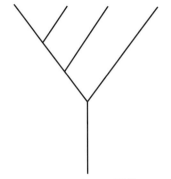

図 1.4　大沢らの系統樹
宮田 (2005) より引用し，改変．

り，またレイクが用いたリボソームのサブユニットの形態について
も，系統解析に用いるには証拠として曖昧だという批判があり，と
もにウーズが 1990 年に発表することになる 3 ドメイン説に対峙す
るほどの評価を受けることはなかった．

　しかし，ウーズが 1987 年に発表した系統樹や，レイクがその 2
年後に発表した系統樹（**図 1.5**）はいずれも無根系統樹で，先にも
述べた通り，各ドメインが出現した時間関係が明らかにできていな
い．このような無根系統樹に根をつけるために，九州大学（当時）
の**宮田隆，岩部直之**らのグループは，遺伝子重複によって生じた 1
対の遺伝子を利用する方法を考案した．その詳細は宮田の著書（宮
田，1994）にわかりやすく解説されているので，本書では説明を繰
り返すことはしない．興味ある読者は宮田の本にあたられることを
勧める．岩部らの方法により，ウーズの系統樹（図 1.3）とレイク
らの系統樹（図 1.5）の三角矢印の部分に根をつけると，おおよそ
大沢らの系統樹（図 1.4）と同じ形になり，真核生物は古細菌によ

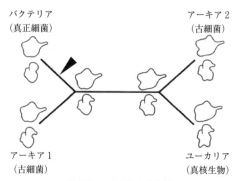

バクテリア
（真正細菌）

アーキア2
（古細菌）

アーキア1
（古細菌）

ユーカリア
（真核生物）

図1.5　レイクらの系統樹

Lake *et al.* (1984) より引用し，改変.

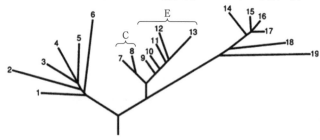

バクテリア（真正細菌）　　アーキア（古細菌）　　ユーカリア（真核生物）

図1.6　ウーズの3ドメイン有根系統樹

C＝クレンアーキオータ，E＝ユーリアーキオータ．Woese *et al.* (1990) より引用し，改変.

り近縁で，バクテリアからは遠い関係になることが明らかになった．ウーズも，岩部らの指摘を受けて，1990年に発表した3ドメイン説の論文では，真核生物が古細菌と近縁で，バクテリアとは系統関係が遠い有根の系統樹を作成している（**図1.6**）．

レイクのエオサイト説

　一方，エオサイト説は一時大方の支持を失ったかに見えたが，その後レイクは同じ研究室のマリア・リベラ（Maria Rivera）とともに研究を進め，リボソームの伸長因子 EF-1α の GTP 結合タンパク質に挿入されたアミノ酸残基の数や種類が，あるいはオペロン構造が，真核生物とクレンアーキオータ（エオサイト）の間では似ているが，ユーリアーキアや真正細菌とは異なることなど，自らの説を補強する証拠を見つけてエオサイト説の正当性を主張し続けた．しかし，真核生物を古細菌全体の姉妹群と位置づける 3 ドメイン説が次第に科学者の間に浸透したため，広い支持を集めることはできなかった．エオサイト説が形を変えて復活するのはずっとあとのことである．

　さて，ここまで読み進めてこられた読者は，一体 3 ドメイン説とエオサイト説の何が違うのだろうと，この長く続いた論争の論点について疑問を感じているに相違ない．エオサイト説を唱えるレイクも生物界が 3 つのドメインから構成されると考える点ではウーズの説の支持者ということになる（エオサイトを他の古細菌とは別のグループと考えるなら，ドメインは 4 つになるが）．それでは，何がどう違うのか．それは，真核生物が系統樹上でどこから誕生したかについて，2 つの説の間にははっきりした違いがあるのだ．ウーズの 3 ドメイン説では共通の祖先からバクテリアの枝ともう 1 つの枝に分岐したあと，もう 1 つの枝の方はさらに 2 つに分かれ，1 つは古細菌の系統に進化し，もう 1 つの枝は真核生物に進化したと考える．ところがエオサイト説では共通の祖先から枝分かれし，バクテリアと別の進化をたどり始めた古細菌の仲間は色々な環境に適応してさまざまな系統に分岐進化し，その系統のうちの一つが真核生物に進化したという立場をとる．しかも，エオサイト説では真核生物

34

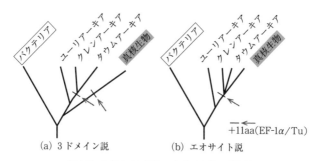

図1.7　3 ドメイン説とエオサイト説の系統樹

https://ja.wikipedia.org/wiki/エオサイト説 より引用し，改変.

レイクとリベラは，1992 年にリボソームの伸長因子 EF-1α のゲノム上にアミノ酸 11 個が挿入されるという変異部分を見いだしたが，それはユーリアーキアや真正細菌には存在せず，真核生物とクレンアーキア（後にはクレンアーキアを含む TACK 古細菌全般）にだけ存在した．この事実を説明するために提唱された系統樹がエオサイト系統樹（b）で，これを 3 ドメイン説（a）で説明すると，系統樹上の別の枝で独立に 2 回変異が生じなくてはならず，無理があるため，エオサイト説の正当性を主張する根拠とされた．

に進化した系統は，多様な古細菌の系統のうち，クレンアーキオータのなかの一系統だと考えている．言い換えれば，真核生物は古細菌の一系統クレンアーキオータから進化したと考えているのだ（**図1.7**）.

②

初期生命としての微生物

2.1 生命は自然に発生するのか

　17世紀にオランダの**アントニ・ファン・レーウェンフック**（Antonie van Leeuwenhoek）は簡単な顕微鏡を使ってさまざまな観察を行った．そのなかで微生物を次々に発見するも，皮肉なことに，その発見は細菌や菌類などの微生物が自然界で果たしている役割についての正確な理解にはつながらず，むしろ時代を逆行するような論説を掲げる人たちに利用されてしまった．例えば，イタリアの博物学者**フランチェスコ・レディ**（Francesco Redi）による簡単で説得力ある実験により，肉片からわいてくるように見えるハエのウジは，その肉片から生じたのではなく，そこに産みつけられたハエの卵から生まれるのだということが人々に理解され始め，当時，生命自然発生論者は旗色が悪くなっていたが，レーウェンフックにより微生物が発見されると彼らは勇気づけられ，「すべての生物が卵から生まれるというなら，これら微生物は一体どこから生まれたというのか．これら微生物こそ生命が自然発生する何よりの証拠だ」

という意見を主張し始めた．例を挙げると，18世紀，イギリスの生物学者で，カソリック教会の牧師でもあった**ジョン・ニーダム**（John Needham）は，軽く煮沸した肉汁や小麦をフラスコに入れてコルク栓をした条件下でも微生物は自然に発生すると，微生物の**自然発生説**を主張していた．一方，1765年にイタリアの生物学者**ラザロ・スパランツァーニ**（Lazzaro Spallanzani）は，フラスコに入れたスープを1時間煮沸したあと，フラスコの口を溶かして密封すると，スープ中では微生物は発生しないことを明らかにし，微生物がスープのなかで自然発生するのではなく，空気中を介してフラスコ内に侵入し，スープのなかで増殖したことを証明したのだ．しかし，ニーダムは自然発生には新鮮な空気の供給が必要であると反論し，スパランツァーニのこの実験ではフラスコの口を密封したことにより新鮮な空気の供給が絶たれたため微生物が発生できなくなっただけだとして，自説を取り下げなかった．自然発生説を完全に否定するには，約1世紀後の**ルイ・パスツール**（Louis Pasteur）の研究を待たなくてはならない．

19世紀になってもキリスト教会の影響力は絶大で，教義に反すると判断した場合，自然科学が提示する事実を否定し，その普及を妨害することさえあった．パスツールは慎重な研究にもとづきアルコール発酵が微生物によるものであることを明らかにし，また，しばしば発生するブドウ酒などの腐敗が，空気中に存在する雑菌の作用によることを証明した．この時代になっても微生物自然発生論者の反論の根拠は「パスツールの実験では，微生物の侵入・発生を防ぐため，容器を密閉し空気を遮断するが，微生物の自然発生には空気が不可欠で，空気を遮断したせいで無機物，タンパク質などから微生物が自然発生しなくなったのだ」というものであった．このような批判に応えるため，パスツールは友人の化学者**アントワーヌ・**

ジェローム・バラール（Antoine-Jérôme Balard）の助言に従い，フラスコに酵母抽出物を加えた栄養スープを入れたあと，そのフラスコの首を火炎で加熱し，引き伸ばして，その先端部を曲げておいた．これが有名な**「白鳥の首フラスコの実験」**である．つまり，空気はフラスコ内の酵母抽出物入りスープにまで自由に達することができるが，外部の微生物は空気中のゴミとともに長い首のところに付着してスープまで達することはできないだろうから，スープは腐敗しないだろうという想定であった．バラールの助言は当を得ていて，翌日になっても栄養スープは腐敗しないまま清浄性を保っていた．想定の正しさを証明するためフラスコの曲がったところから先を切り落とし，外気がまっすぐ酵母抽出物入りスープに達することができるようにすると，1〜2日後には細菌の繁殖が始まり，パスツールの考えの正しさが実証された．

　しかし，反対者はこれでも引き下がることはなかった．当時，パスツールの批判者のなかには微生物自然発生説の支持者のルーアン博物館館長**フェリックス・アルシメード・プーシェ**（Félix A. Pouchet）らがいた．プーシェらはパスツールの説を完全に否定するため，パスツールの実験と同じ条件で栄養スープを煮沸し，微生物の発生を証明しようとした．ただしプーシェはその実験で，パスツールが使った酵母エキスを含んだスープの代わりに枯草の煎汁をフラスコに入れて煮沸後，その細い首を閉じ，これを恒温器に入れて培養を開始した．すると，数カ月後，微生物が発生してフラスコの内容液が濁ってきた．つまり，パスツールの実験条件と同じ条件で微生物を煮沸滅菌しても微生物が発生したのだから，これら微生物は自然発生したと考えざるを得ない．この結果に自信を得たプーシェらはパスツールに挑戦するため公開実験を申し出た．両者の実験結果は，それぞれがそれまで主張してきた通りの結果をもた

らし，パスツールのフラスコには微生物は発生せず，プーシェのフラスコには微生物が発生した．この公開実験のレフリーを務めた科学院専門委員会も両者の実験とも正確であったと結論せざるを得なかった．この不可解な公開実験の結果に決定的な解決をもたらしたのは「チンダル現象」で有名なイギリスの物理学者**ジョン・チンダル**（John Tyndall）である．彼は枯草煎汁には**枯草菌**（*Bacillus* sp.）という細菌が存在し，この細菌が高温に強い**芽胞**（細菌細胞内部に形成される耐久構造）を形成することを発見し，プーシェの実験結果の間違いを指摘した．これは，パスツールとプーシェの公開実験の 12 年後，1876 年のことであった．このような経緯を経て，微生物の自然発生説を否定するパスツールの実験の正当性がようやく立証されたのである．時は 19 世紀後半，産業革命により工業が飛躍的に発展しつつある時代での出来事であった．

チャールズ・ダーウィン（Charles Darwin）の『種の起源』が発表されたのは 1859 年のことで，パスツールがプーシェと華やかな論争を繰り広げた 1860 年代に先んじている．当然，この新しい進化思想にヨーロッパの多くの生物学者は影響され，それぞれの研究にこの考え方を反映させたことだろう．パスツールやプーシェもその影響を受けた可能性がある．しかし，ここで注意してほしい．パスツールが論争のなかで否定したのは，実験条件下で微生物が自然に発生する可能性についてであって，生命（微生物）の起源について議論したわけではない．われわれが現在目にする多種多様な生物も，極めて単純な体制をもった生物から次第に進化し，今日の姿になったという「進化」の考え方は当然この時代の人々にとっても思考の基礎となったはずである．しかし，それでは「生命あるいは微生物は無からは生じない」というパスツールの結論と「最初の最も単純な体制をもった生命はどこからどのようにして生まれたのか」

という進化論的で素朴な「生命の起源」に関する疑問はどこで折り合いがつくのか．あるいは，第1章で取り上げた3つのドメインの共通祖先は単純な原核生物[1]であったに違いないが，その原核生物の祖先はどのようにして誕生したのか，という疑問に現代科学はどのように答えるのか．

『進化論』を著したダーウィン自身が1871年に植物学者でキュー王立植物園（キューガーデン）の園長であった友人の**ジョセフ・ダルトン・フッカー**（Joseph D. Hooker）に宛てた手紙のなかで，生命の起源の問題に触れ，「最初の生命はアンモニアやリン酸塩，光，熱，電気など，あらゆる条件が整った温かい小さな池のようなところで発生したのかもしれない．そしてそのような場所ではタンパク分子も化学的に形成され，さらに複雑な変化を受けることになる．もし現在そのような物質が存在したなら，ただちに他の生物に食べられたり，吸収されたりするところだが，生物が生まれる前にはそうはならず，このような物質が残存し得たのだろう」と彼の考えを述べている．しかし，生命の起源についての問題はその後長い間科学の俎上には載らず，宗教の手に委ねられていた．

2.2　生命は物質から：化学進化説を唱えた2人の巨人

生命の自然発生説は，19世紀の微生物学の巨人パスツールにより「目で見える生物は言うに及ばず，微生物といえども無生物から発生することはない」と見事に否定された．しかし，すべての生物は，おそらく非常に単純で原始的な単一の共通祖先から由来し，世代を経る中でその形を変化させてきたという進化論にもとづくなら，生物の長い歴史をさかのぼると，最初の生命はいったいどこか

---

[1] ここでは「核をもたない原始的な生物」の意味．

ら，いかにして生まれたのかという疑問につきあたらざるを得ない．そして，その当然の帰結として，人々は「生命は遠い過去に無生物から発生した」という，「進化論的な自然発生説」に行き着く．

現在，生命の起源を無生物だとする考えについて，地球上で起こった化学的な諸過程を経て生まれたとする**化学進化説**と，生命の種子とも言うべき有機物が地球以外の天体から地球にもたらされたという**パンスペルミア説**が並立して信奉されており，生命の起源についてはいまだ定説といったものは確立されていない．しかし，いずれの説においても，生命の発生は地球自身の進化の一過程において生起したと考えられており，生命の起原に先立ち，物質の進化の過程が想定されている．

生命の起源について初めて科学的な思索をめぐらせたのは，20世紀前半に世界に名を馳せたソ連の生化学者**アレクサンドル・オパーリン**（Alexander Oparin）とイギリスの遺伝学者**ジョン・バードン・サンダースン・ホールデン**（John Burdon Sanderson Haldane）であった．それまで，有機物は生物だけが生産できると信じられていたので，生命の起原以前には地球上に有機物は存在せず，したがって最初に生じた生物は無機独立栄養微生物だと考えられていた．オパーリンとホールデンはそれぞれ生物発生以前に地球上に化学進化の過程が存在し，非生物的に有機物が生産され蓄積されていたと想定した．地球上に最初に生まれた生命はこの蓄積された有機物に依存し，しかも，酸素分子がほとんどない当時の大気中で生活できたのだから，嫌気的従属栄養生物であっただろうと考えた．このように，2人はそれぞれ独自に地球上における生命の起源を無機物からの化学進化によって説明したので，生命の化学進化説は2人の名に因んで，**Oparin-Haldane Theory** と呼ばれることがある．

　オパーリンはモスクワ大学で植物生化学を専攻し，植物学者であ**るクリメント・チミリャーゼフ**（Kliment Timiryazev）に個人的に学び，その進化思想の影響を受けている．ロシア革命が勃発した 1917 年に大学を卒業し，その後，生化学者バッハに師事し，植物の呼吸，タンパク質代謝，酵素生成などを研究した．また，ドイツに留学し，ベルリン大学など 3 つの大学で当時最新の生化学を学んでいる．この間，生命の起源に関心を抱き，科学的な生命発生の説を 1922 年に学会で発表し，1924 年にはそれを小冊子にまとめ，さらに 1936 年に単行本として『生命の起源』を著した（英訳は1938 年）．その後オパーリンはシュレーディンガーの『生命とは何か？──物理的にみた生細胞』などの考えを咀嚼し，新しい地球科学や宇宙科学の成果も踏まえて 1960 年に『生命──その本質，起源，発展』という本を出版する（オパーリン，1962）．そこでは彼のそれまでの科学的考察の結論として，生命の起源について次のような考え（**コアセルベート説**）を述べている．

　　生命の発生，および発展に関する問題の研究によって，地球の最初の存在時期においては，その上で起こった進化的発展は，完全に物理的・化学的法則性によって決定された．始原的な有機化合物は，この基礎にもとづいて次第に複雑化し，当時の大洋の水はちょうど（培養基）のようなもの，すなわちタンパク質様物質や他の類似の高分子化合物の溶液に変わったのであった．しかし，これらの化合物が全溶液から分離して，境界をもったコロイド性の多分子系（例えばコアセルベート滴）をつくったとき，それが前提となってこれらの系とそれを取り囲む外界との間の相互作用が生まれた．これらの個別的な有機系のその後の進化は，それまでには存

在しなかった新しい法則性，すなわち自然淘汰によって規制され始めた．自然淘汰は，さらに生命の確立の過程で生じたものであり，それゆえに既に生物的性格を有するものである（オパーリン，1962）．

1922年ごろ，既にオパーリンは生命の起源の前プロセスとして化学進化を考えており，次のような条件を想定していた（Wikipedia-Alexander Oparin, 2022）．

(1) 生物と無生物の間には基本的な違いはない．生物に固有なさまざまな特徴やそれらが表現される様式は物質の進化の過程で生じてきたに違いない．

(2) 当時発見された，木星や他の大型惑星の大気にメタンが含まれているという情報を考慮すると，誕生期の地球にもメタン，アンモニア，水素，水蒸気を含む還元的な大気があったと想定できる．そして，これらの物質が生命進化の材料になった．

(3) 最初，有機物の単純な溶液があり，その挙動はそれら有機物分子の構成原子の性質や個々の原子の分子構造内での配列により制御されている．しかし，それら分子が生長し構造が複雑になるにつれ，次第に新しい性質が生まれ，その溶液の単純な有機化学的な属性の他に，新しいコロイド化学的な性質が加わってくる．溶液のこの新しい特性は構成分子の空間的な配置とそれら分子間の相互関係で決まる．

(4) この過程で生物的な秩序が既に現れてくる．（分子間の）競争，生長速度，生存競争，そして，最後には自然淘汰が，今日の生き物の特徴とも言える物質の組織化のあり方を決定する．

オパーリンはこのような条件にもとづき，有機化学物質が，外界

から隔離された顕微鏡レベルの微小な装置，いわば細胞の原型となるべきものを形成する方法について概略を示したが，その際参考にしたのはオランダの化学者**デ・ヨング**（H.G. Bungenburg de Jong）が1929年に発表していた**コアセルベート**[2]であった．

　オパーリンは生命発生への経路として4段階の物質進化過程（化学進化）が必要であると考えた．それらの過程とは次の通りである．

・第1段階：原始地球内部で炭素と金属から炭化物が生じ，それが噴出して大気中の過熱水蒸気と反応し，反応性に富む簡単な有機物（炭化水素）が大量に生成された．その相互間の，また過熱水蒸気やアンモニアとの反応により一連の簡単な有機化合物が生成された．

・第2段階：生成された簡単な有機物は，地球の冷却に伴い水蒸気が凝結するときこれに溶け込み，熱湯の雨として地表に降り注ぎ，簡単な有機物質を含む海を形成する．

・第3段階：この海洋中で低分子有機物質は互いに重合してタンパク質を含む複雑な高分子の有機物へと化合が進み，さらに有機物の蓄積が起こる．いわば「有機的スープ」の完成である．このスープのなかで脂質がミセル化した高分子集合体の「コアセルベート」が誕生する．

・第4段階：このコアセルベートのなかで，高分子物質からなる多分子系が，周囲の媒質から独立した細胞形状を有するようになり，原始的な物質代謝と生長を行う自己複製が可能な生命体の誕生に連なる．

---

[2] コアセルベートの名はオパーリンの化学進化説のなかでむしろ有名になった．

　また，オパーリンは 1957 年に前書を改訂して出版した第 3 版
『地球上の生命の起源』で，生命の発生の前段階としての物質進化
を 4 段階に整理している．さらに，このような化学進化と生命の起
源を結びつけるためオパーリンは，次のような過程を想定した．つ
まり，「コアセルベート」が互いにくっついたり離れたり，分裂し
たりして，アメーバのようにふるまいながら，周囲の有機物を取り
込んでいくなかで，最初の生命が誕生し，優れた代謝系を有するも
のだけが生き残ったと考えたのだ．

　一方，ホールデンも 1929 年に，オパーリンとは独立に生命の起
源について小論を書いた．ホールデンはその小論のなかで，生化学
的なシステムを含む進化プロセスが進行するうちに，従属栄養性の
原始生命の発生が起こったとする化学進化説を唱えている．また，
地球の原始大気の一部であった単純な有機化合物が次第に変化する
ことにより生化学的なシステムが生じたと，化学進化の過程を想定
している．ただ，オパーリンの場合，有機物合成の材料となった原
始大気として，メタンとアンモニアを考えているのに対して，ホー
ルデンは二酸化炭素とアンモニアを想定していたという違いがあ
る．2 人の考えを比較するため**表 2.1** を用意した．

　20 世紀の初頭まで，生命が地球上に発生する以前には地球上に
有機物は存在せず，そのような環境条件下で，まず無機栄養微生物
が最初に生じたと考えられていた．しかし，オパーリンやホールデ
ンは，生物発生以前の地球上には既に化学進化により有機物が蓄積
していたと考えた．さらに，このような化学進化によって生じた生
体高分子様物質の相互作用により，細胞の原型構造とも言うべき，
境界面をもった構造の形成を想定していた．オパーリンはこのよう
な構造としてコアセルベートを想定し，化学進化による有機物の形
成と生命の起源を結びつけようとした．

表 2.1　オパーリンとホールデンの生命化学進化説比較

	オパーリン	ホールデン
想定した原始大気	還元的：メタン，アンモニア，水素，水蒸気	還元的：二酸化炭素，アンモニア，水素，水蒸気
生命の発生に必要な炭素源	メタン	二酸化炭素
化学進化が起こった場所	大気中で，その後海洋で	大気中で，その後海洋で
メカニズム	コアセルベートが自然発生し，その後コアセルベートが進化して原始細胞となった.	紫外線による有機分子の複雑化.

http://www.daviddarling.info/encyclopedia/O/OparinHaldane.html より引用し，和訳.

　「生命の起原以前に有機物が蓄積する化学進化の時代があった」というオパーリンやホールデンの考え方は，彼ら自身により実証されることはなかったが，後述するように，シカゴ大学のユーリーとその大学院生ミラーにより 1952 年に行われた放電実験に始まる多くのモデル実験の結果，無機物から非生物的に有機物が生成される事実が明らかになった．さらに，隕石や宇宙空間に種々の有機物が見いだされるようになって，この考えは強く支持されることになる．

2.3　化学進化を実証しようとした最初の実験

　ハロルド・ユーリー（Harold Urey）は量子論の研究を展開するなかで重水素（ジューテリウム）を発見し，のちにその功績により 1934 年度のノーベル化学賞を受賞する．第二次世界大戦後，原子核科学研究所（エンリコ・フェルミ研究所），シカゴ大学，カリフォルニア大学で教授を歴任したユーリーはシカゴ大学時代，宇宙化学に興味をもち，星の進化や地球における各元素の量についての研究を進めた．ユーリーは惑星低温凝集説を信奉していたので，低温状

態の原始地球の周辺には水素が一定量存在し，この水素と化合した炭素や窒素はそれぞれ，メタンやアンモニアの形で存在していたため大気は極めて還元的であったと考えていた．

この時代，ユーリーと**スタンリー・ミラー**（Stanley Miller）以外には，ほとんど誰も生命の起源や化学進化の視点から非生物的な有機物合成を模倣した実験をしていない．ただし，類似の実験はいくつかの研究グループで行われており，**メルビン・カルビン**（Melvin Calvin）とその仲間も二酸化炭素と水分子にサイクロトロンで発生させた高エネルギーのヘリウムイオンを照射する実験を行っていたが，彼らが目的としたのは非生物的に光合成に似た反応を起こそうとしたもので，結局，彼らが得たのはギ酸と微量のホルムアルデヒドだけだった．

シカゴ大学で開催された講演会でユーリーはカルビンらの実験結果について触れたあと，もしこの方法を使って有機物を得るのが目的なら，25年前に既にオパーリンが指摘しているように還元状態のガス条件下で実験を行うことが必要だが，誰もこの点に留意した実験を行っていないと問題点を指摘している．

この講演会でそんなユーリーの考えに触れた当時大学院学生になったばかりのミラーは，テーマ選択について紆余曲折を経たあと，ユーリーの指導を仰ぐようになり，有名な**放電実験**を敢行した．それは，原始大気の組成と想定される還元性のガスを充塡したフラスコ内で高圧放電させると化学反応が起こり（**図 2.1**），生命の基礎物質とも言えるアミノ酸が生産される（**表 2.2**）という驚くべき結果をもたらし，生命の起源の前段階として化学進化があったとするオパーリンやホールデンの仮説に実証的な説明を与えるものであった．

実験は 1952 年に行われ，その年の 12 月にサイエンス誌に投稿されたが，誌上に載ったのは翌年の 5 月のことであった（Miller,

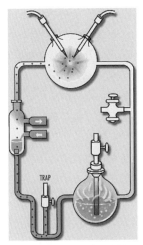

図 2.1 ミラーの実験装置
http://www.nirgal.net/graphics/miller-urey.gif より引用.

表 2.2 ミラーの実験で生じた有機物

化合物	収量（%）	化合物	収量（%）
ギ酸	4.0	コハク酸	0.27
グリシン	2.1	サルコシン	0.25
グリコール酸	1.9	3-（カルボキシメチルア	0.13
アラニン	1.7	ミノ）プロピオン酸	
乳酸	1.6	N-メチルアラニン	0.07
β-アラニン	0.76	グルタミン酸	0.051
プロピオン酸	0.66	N-メチル尿素	0.051
酢酸	0.51	尿素	0.034
イミノジ酢酸	0.37	アスパラギン酸	0.024
2-アミノ酪酸	0.34	2-ヒドロキシ酪酸	0.007

1953）．このように，生化学的に重要な有機物がミラーの手でいとも簡単に生成されたことを知ったときには化学進化の提唱者であったオパーリンですらその結果が信じられなかったと伝えられている．

　1961 年から 1975 年にかけて実施され，6 回の月面着陸に成功したアポロ計画では合計 381.7 kg の月の岩石が持ち帰られ，その成分が解析された．その結果，月の岩石は地球上のものと比較して全体的に極めて古く，その範囲は約 32 億～46 億年前までの古さのものであることが確認されている．つまり，これらは現在の地球上ではほとんど失われてしまった太陽系誕生初期の試料であると考えられ，地球の誕生期の様子も明らかにしているといえる．それでは月の岩石が教える地球誕生初期の様子とはどのようなものであったのだろうか．どうやら，頻繁に落下する隕石などの衝突熱により，地表はマグマの海といった状態が出現し，大気は二酸化炭素，窒素，水蒸気といった現在の火山ガスに近い，弱い還元性ガスに満たされていたらしいのである．月から持ち帰られた岩石が明らかにした事実は，ユーリーが想定しミラーが実験に用いた原始大気の組成が誤りであることを示唆しており，その点だけから考えると，生命の化学進化説には不利なように考えられる．しかし，ユーリーとミラーの実験に触発された人々の手で，その後も実験にさまざまな改変が加えられ，有機物の非生物的生成と化学進化に関する研究は現在に至るまでさまざまな展開を見せている．

2.4　ミラーの実験に先立つ実験，続く実験

　初めて無機物から有機物を合成したのはドイツの化学者フリードリヒ・ヴェーラー (Friedrich Wöhler) で，シアン酸アンモニウムの加熱中に尿素が結晶化しているのを発見した．これは 1828 年のことで，この結果は，それまで生物だけが生成することができると信じられていた有機物が，物理的に合成することが可能であることを明らかにした．19 世紀の末から，ユーリーとミラーが活躍した時代にかけて，放電実験を行った研究者は他にもいる．例えば，オ

ハイオ州立大学のマックネバンはメタンと水蒸気のなかに 10 万ボルトの火花を放電させ、樹脂状の物質を得ているが、その同定には失敗している。ミラーが自身の実験結果をサイエンス誌に投稿した前年の 1952 年 12 月に、同じくサイエンス誌に、還流させた水と二酸化炭素の 2 成分系に 600 ボルトの電気を流すと、少量の一酸化炭素を得たが、それ以外に新たな炭素化合物は生成されなかったというユタ大学のワイルドらの実験結果が報告されている。ただし、上にも述べた通り、これらのいずれの実験も生命の起源やそれに先立つ化学進化と関連づけて行われたわけではなく、むしろ生物による炭酸固定や窒素固定のメカニズムを解明するために行われていた。

　ユーリーとミラーの実験は他の多くの研究者を刺激し、類似の研究がその後続いて行われた。さらに、1970 年代に入ると、一酸化炭素と水蒸気の混合したガスに紫外線照射すると光分解が起こり、さまざまなアルコールやアルデヒド、有機酸などが生成されたという報告がある。また、スペインの生化学者ジョアン・オロー（Joan Oró）は水に溶かしたシアン化水素とアンモニア分子から核酸を構成する塩基の一つであるアデニンを合成することに成功している（Oró & Kimball, 1961）。オローはまた、彗星が原始地球に有機物をもたらしたと主張した最初の科学者としても有名である。また、その後繰り返した還元性の大気を模倣した実験では RNA や DNA を構成する他の塩基も得ている（Oró & Kamat, 1961）。原始地球の大気はユーリーが想定したように還元的な組成ではなく、もっと酸化的なものであると考えられるようになって以来、原始地球の大洋で生命の起源に先立つ化学進化が起こったというユーリーとミラーの仮説は過去のものと考えられるようになったが、この潮流に異を唱える動きもある。

　ミラーのカリフォルニア大学サンディエゴ校の化学教室時代

の教え子で，スクリップス海洋学研究所のジェフェリー・バーダ（Jeffrey Bada）は，ミラーがその実験で使ったガラス容器内に，原始大気の構成ガスと想定されるようになった炭酸ガスと窒素を充填して実験を行った．しかし，この条件だけでは亜硝酸が形成されるため，たとえアミノ酸ができてもすぐに分解してしまう．そこで，バーダは原始地球にたっぷり存在した鉄と炭酸塩が亜硝酸の作用を中和したに違いないと考え，ミラーの実験系に鉄と炭酸塩を加えて実験を行ったところ，多量のアミノ酸が生成された（Bada & Lazcano, 2000）．この結果は，現在原始地球の大気として想定されている二酸化炭素と窒素を主成分とする大気条件でもアミノ酸が生成された可能性があることを示唆している．

　最近の例では，ミラーの実験に興味をもったアダム・ジョンソン（Adam Johnson）らにより，2008 年になってミラーの実験ノートの調査が行われた（Johnson *et al.*, 2008）．その結果，ミラーの実験では実は 3 つの異なる装置が使われたことが明らかになった．そのうちの一つは，よく知られた 2 つのフラスコを上下につなぎあわせた例の装置にアスピレーターを取り付け，水蒸気とガス（二酸化炭素，窒素，硫化水素，二酸化硫黄（SO_2）など）を放電装置のある上のフラスコのなかに吹き付けるというもので，理由は不明だが，その結果は報告されていなかった．この装置が水蒸気とガスを含んだ火山の噴煙中で起こる放電現象をよく再現していることに気づいたジョンソンらは追試を行い，新しい分析技術で再検討した結果，ミラーの実験では 5 種類しか同定できなかったアミノ酸については 22 種，アミンについても 5 種類合成されていたことを明らかにした．

　以上の，どちらかというとユーリーとミラーの実験結果を肯定的に捉える立場とは反対に，彼らの実験結果を批判的に捉える視点から研究を進めたグループもある．すなわち，原始地球の大気が二酸

化炭素，一酸化炭素，窒素などを主成分とするやや酸化的なもので
あったという前提から，これら原始地球上の大気から有機物が生成
されることはありえず，有機物は地球外から飛来した隕石や彗星か
ら供給されたという立場である（小林 他，2008）．例えば，隕石の
うち，炭素をたくさん含む「**炭素質コンドライト**」と呼ばれる隕石
の抽出物からは数十種のアミノ酸や核酸塩基などが検出されている
し，NASA が行ったスターダスト計画で，ヴィルト第二彗星から持
ち帰られた彗星のダスト（塵）のなかにも複雑な有機物が含まれる
ことが明らかにされている．有名な**マーチソン隕石**も炭素質コンド
ライトで，アミノ酸をはじめとする多くの有機物が検出されている
（2.5 節参照）．しかも，原始地球では現在よりはるかに頻繁かつ大
量にこれら宇宙からの飛来物が衝突したことから，地球にもたらさ
れた有機物の量も膨大であったと考えられる．

2.5　マーチソン隕石

　1969 年 9 月 28 日午前 11 時ごろ，オーストラリアの首都メルボル
ンから 167 km にある小集落，マーチソンの近郊に大きな隕石の落
下があり，この片田舎の小集落を一躍有名にした．隕石は落下中に
大気圏で砕け，13 km^2 の範囲に散らばるように落下した．回収さ
れた隕石破片の総重量は 100 kg ほどで，最大のものは 7 kg もあっ
た（**図 2.2**）．落下したマーチソン隕石には 100 種類以上のアミノ酸
が含まれており（**表 2.3**），そのうち，19 種はグリシン，アラニン，
グルタミン酸のような地球の生物に普通に見られるアミノ酸であっ
たが，その他にシュードロイシン，イソバリンのような生体では見
られないアミノ酸も含まれていた．さらに，その後の研究で，同隕
石から核酸の塩基や，ユーリーとミラーの実験で生成された複雑な
アルカン混合物も発見されている（Martins *et al.*, 2008）．

52

図 2.2 アメリカ国立自然史博物館所蔵のマーチソン隕石標本
http://en.wikipedia.org/wiki/File:Murchison_crop.jpg より引用.

表 2.3 マーチソン隕石に含まれていた有機物

構成有機成分	濃度（ppm）
アミノ酸	17〜60
脂肪族炭化水素	＞35
芳香族炭化水素	3319
フラーレン	＞100
カルボン酸	＞300
ヒドロキシカルボン酸	15
プリン，ピリミジン塩基	1.3
アルコール	11
スルホン酸	68
ホスホン酸	2

　当然のことながら，これらの物質は地球に落下してからの混入物
だと疑われたが，その後，1997 年に隕石から発見されたアミノ酸
の窒素 [15]N の同位体比が地球上のものと大きく異なることが明らか
になり，これらのアミノ酸が地球外で生成されたものであることが

証明された (Thompson *et al.*, 1987).

　この隕石が明らかにしたように，ミラーとユーリーが彼らの実験で想定した有機物の生成の舞台は原始地球のみならず，宇宙空間のどこか，地球以外の場所にも存在しているようである．ただし，そこでは化学反応のエネルギー源として稲妻放電の代わりに宇宙線や紫外線照射が作用していると思われる．太陽系の遠い軌道を回る氷の惑星（木星やその外側の諸惑星）や彗星には，ミラーとユーリーが想定したような過程によって生成された大量の有機化合物が含まれているものと考えられる．原始地球には大量の彗星が雨あられと降り注ぎ，これらの彗星が水分子や他の揮発性成分とともに複雑な有機化合物も地球にもたらしたのであろう．一説に，地球誕生から5億年ほどの生成期に宇宙からの落下物に含まれて地球にもたらされた炭素の量は年間100万トンに達したといわれている (Chyba & Sagan, 1992)．このような事実はまた，地球外に生命の起源を求めるパンスペルミア仮説を唱える人たちの強い論拠にもなっている．

　この件に関してごく最近に明らかになった情報を加えなくてはなるまい．それは，北海道大学の大場らの研究グループが世界で初めてマーチソン隕石を含む3つの炭素質隕石から生物の DNA・RNA に含まれる核酸塩基5種（ウラシル，シトシン，チミン，アデニン，グアニン）すべての検出に成功したという，2022年4月27日付のプレスリリースだ (Oba *et al.*, 2022)．有機物外来説を支持するさらに強力な新証拠には違いない．

2.6　有機物の生成から生命の誕生へ

　生命の起源に先立ち，それを可能にするような準備段階として無機物から有機物への化学進化があったことは，今日多くの研究者の一致した見方である．それでは，非生物的に生成された有機物から

生命が誕生するためには，次にどのようなプロセスが必要だったのだろうか．その道筋については，2.2 節で紹介したオパーリンの 4 段階の物質進化過程が参考になる．

オパーリンが考えた 4 つの段階のうち第 3 段階では高温と低温が周期的に繰り返されるような条件，例えば熱水噴出孔の近傍のような条件下で，最初にできた小さな核酸分子をもとに，PCR 反応のような反応が起こり，この反応を繰り返すうちに次第に発達した長い（情報をたくさん蓄えた）分子ができた可能性がある．あるいは古くからある仮説として，粘土や鉱物の表面の分子構造によって最初小さかった分子が高分子化したという考えもある．いずれにしても，最初にできた小さな分子が何らかの方法で高分子に発達するプロセスがあったに違いない．

化学進化の場として原始海洋全体を想定するのか，それとも潮だまり（干潮時に磯などの隙間にできる水たまり）のような場所を想定するのか，あるいは海底の熱水噴出孔や火山の河口付近の水たまりのようなところを想定するのか，学説により意見は分かれる．しかし，オパーリンが提唱した生命誕生のプロセスのなかには，低分子の有機化合物の非生物的生成から生命の誕生に至る一連の過程において必要と考えられる以下の条件が提示されている．

(1) 化学進化によってできあがった有機低分子を，生体に見られる生体機能を備えた高分子に変換する反応の存在．
(2) コアセルベート説が重視したように，代謝反応や自己複製システムを周囲から隔離・保護する細胞形態の確立．

そして，オパーリンは取り上げなかったが，遺伝情報担体としての核酸と遺伝情報発現系としてのタンパク質を結びつける遺伝暗号システムの進化も生命誕生の必須条件として先の 2 つの条件に加え

て考えるべきであろう.

低分子有機物の高分子化

　これらの条件のうち第1の点については，大阪大学の**赤堀四郎**によって1956年に提唱された「ポリグリシン説」を挙げねばなるまい.赤堀らは,簡単な有機物アミノアセトニトリルを粘土鉱物（カオリン）とともに加熱することにより,タンパク質合成に必要な反応として知られているアミノ酸脱水重合反応を介することなくポリグリシンを得た（Akabori *et al.*, 1956）.この実験では,アミノアセトニトリルが重合してポリイミジンとなり,これが加水分解して,ポリグリシンが形成された.さらに,赤堀は,このポリグリシンのメチレン基に種々のアミノ酸側鎖が結合することによって,ポリペプチドあるいはタンパク質が形成されたという仮説を立てた.これが「**ポリグリシン説**」である.ここで重要なのは,この重合反応が水中で進行するのではなく,アミノアセトニトリルが粘土鉱物の表面上に吸着集積し,その表面上で重合が進む点である.アイルランド出身のイギリスの物理学者,**ジョン・デスモンド・バナール**（John Desmond Bernal）は,1959年にこれを「**粘土説**」として提唱した.このような界面上での有機物合成反応を重視し,それをさらに具体的生命誕生のプロセスとして発展させたのがドイツ人弁理士**ギュンター・ヴェヒターホイザー**（Günter Wächtershäuser）で,彼の説は「**表面代謝説**」と呼ばれる（Wächtershäuser, 1990）.この説の概要を以下に述べる.

(1) 黄鉄鉱（FeS_2）表面上に吸着したアミノ酸,核酸,脂質などが黄鉄鉱に触媒されて重合反応を含めたあらゆる化学反応を起こし,代謝系が構築される.

56

(2) この代謝系は特別な単位膜に覆われてはいないが，それ自体が生命といえる.

(3) この黄鉄鉱界面に炭化水素，イソプレノイドアルコールが吸着し膜脂質が形成され，さらにこの膜が黄鉄鉱表面で構築された代謝系ごと剥離し，細胞形態をもつ生命が誕生した.

　ヴェヒターホイザーは，代謝系の発生から細胞の誕生までをこのような3つの過程で説明した. さらに，この表面代謝説によって，そこで営まれた代謝系は二酸化炭素などの無機化合物を炭素源とする独立栄養で，誕生した生命は独立栄養生物であるとした. この点で，オパーリンに始まり，ユーリー，ミラーに続く化学進化説を信奉した先人が最初の生命を従属栄養生物であると仮定したのと対照的である. また，この仮説では，脂肪酸より界面に吸着しやすいイソプレノイドアルコールが界面上で重合し膜が形成されるという考えをとっているが，その考えにもとづき，このような性質の脂質膜をもつ古細菌を生命の祖先形として想定しているのは興味深い.

　表面代謝説は単に低分子有機化合物を重合させるメカニズムについて説明するだけでなく，その代謝系そのものを生命体の前駆状態と考えたり，細胞膜系の起源を考察したり，さらには最初の生命体を古細菌と想定したり，展開性に富む仮説である. しかし，遺伝情報の担体である核酸と遺伝情報発現系であるタンパクの相互関係がどのようにして成立したのか，あるいは生体に特徴的な膜を介した能動輸送系がどのようにして生じたのかといった点を説明できないという不完全な説である点は否めない. しかし，近年，表面代謝説は，生命が熱水噴出孔付近で誕生したと考える研究者から強い支持を得ている. 彼らは，系統的に古い生物ほど高い温度環境に生息する好熱性を備えている事実から，原始地球でも現在の熱水噴出孔周

辺のような環境中で生命が誕生したと考えており，しかも熱水噴出孔付近には生命誕生の諸条件がそろっていると考えている．そんな熱水噴出孔付近に黄鉄鉱が多く見られる事実は確かに表面代謝説が彼らの説を補強するものとして受け入れられるのは当然かもしれない．

　化学進化説では，原始地球において生命の誕生に先立ち，生命に不可欠な物質，核酸やタンパク質，脂質のもとになる低分子の有機化合物が生成されたと想定している．さらに，これら低分子有機化合物が化学的に重合して高分子となり，やがてさまざまな反応系が構築され，さらにこの反応系を外界から隔離するように膜系が発達することにより，生成物が散逸することなく効率的に次の反応系へと順次受け渡され，反応系が安定的に作動するようになる．そしてこのような反応系が長い時間をかけて少しずつダーウィン的淘汰によって改善を積み重ねることにより，生命の誕生につながったというのが化学進化説の骨子であった．しかし化学進化説が想定するこのような生命誕生の前段階は，極めて低頻度にしか起こり得ない化学反応を前提としているように見える．ただ，気の遠くなるような時間があれば，一見不可能に見えるそのような事象が現実のものとなったと考えるしかない．例えば，後述する RNA ワールド仮説が重視する RNA が誕生するのには，どれほどの偶然の積み重なりが必要だったのだろう．RNA の構成低分子，リボヌクレオチドが RNA へと化学的に重合するのはさほど難しくないだろう．しかし，このリボヌクレオチド自体がリボースと塩基から生成される反応は非常に起こりにくく，一体どのようにしてリボヌクレオチドが生じたのかは長年の謎であった．この点に関して，イギリスのマシュー・パウナー（Matthew Powner）らが Nature 誌に興味深い論文を発表した（Powner *et al.*, 2009）．この論文によると，リボヌクレオチドはこれまで考えられていたようにリボースと塩基から生成される

のではなく，アラビノアミノオキサゾリンと無水ヌクレオシド中間体から比較的少ない反応ステップで生成されることが示された．この反応のもとになるシアナミドやシアノアセチレン，グリコールアルデヒド，無機リン酸塩などの物質は原始地球に豊富に蓄積されていたと想定されており，また反応に必要な条件も原始地球の環境条件に一致するという．この新しい反応経路は難問への1つの回答案のようには見える．

環境による遺伝子の淘汰に関する実験的な取り組み

20世紀に入ると化学進化と生命の誕生を結びつける研究も精緻になってきた．その背景として分子生物学の急速な発展がある．例えば，ダーウィニズムにおける進化の基本原理である「自然淘汰」を分子レベルに適用した「**細胞外ダーウィン実験**」はその一つで，イリノイ大学の**シュピーゲルマン**らが1960年代に繰り広げた一連の研究が有名である．そう，ウーズをイリノイ大学に招致したあのシュピーゲルマンだ．その実験では，大腸菌に寄生するバクテリオファージ Qβ の4,000以上の塩基からなる RNA 鎖を，RNA 複製酵素，いくつかの遊離ヌクレオチド，およびいくつかの塩を含む溶液に加え，一定時間毎に溶液中の RNA を取り出し，新しい溶液が入った別のチューブに移し複製操作を繰り返すと，より短い RNA 鎖は，より速く複製されるという選択が働き，ダーウィン進化が進んだ結果，RNA 鎖から不要な配列がどんどん除かれ，74世代後には，わずか200塩基ほどの短くて複製されやすいゲノムに進化した（この短くなった RNA 鎖は**シュピーゲルマンの怪物**と呼ばれている）(Mills *et al.*, 1967)．シュピーゲルマンらはこのような分子に働く選択は，生命が細胞構造を発達させる以前の化学進化の時代に遺伝物質（核酸分子）に直接作用した「環境による淘汰」を模倣したも

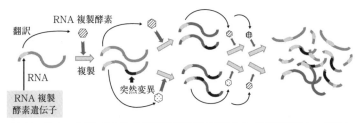

図 2.3　RNA の内部にその RNA 複製酵素遺伝子を導入した「自己複製系」→ 口絵 1

のだと考えている．しかし，シュピーゲルマンの実験では毎世代の
操作で用いられる RNA 複製酵素はその都度人の手によって加えら
れる同一の酵素である．しかし，生物の世界ではこの複製酵素自体
も淘汰の対象になって変化するはずで，それによって RNA 鎖に生
じる変化も多様になり，進化の可能性も大きくなることが期待され
る．このような視点からシュピーゲルマンの実験から 40 年のとき
を隔てて，東京大学の**市橋伯一**らは新しい分子生物学的な研究手法
を駆使し，ファージ Qβ の RNA の内部にその RNA を複製するた
めの複製酵素遺伝子を導入し，この遺伝子を自動翻訳させて酵素
をつくり，系内でこの酵素を使って RNA の複製を行う「**自己複製
系**」を構築した（**図 2.3**）．

　この系を用いた進化実験のなかで市橋らはさまざまな困難に直
面しながら次第に系の改良を図り，生物世界で見られる進化現象
に似た進化を分子レベルで実現することに成功している（市橋 他，
2015）．彼らは次のようなサイクルを何百回も繰り返すうちに，

→RNA 上の複製酵素の遺伝子 → 翻訳 → 複製酵素 →RNA 分子複製 →

元の RNA の複製酵素遺伝子を借用して複製を繰り返す寄生者とで
もいうべき RNA の出現に悩まされることになる．しかし，このよ

うな寄生性 RNA の拡散と増加を防ぐため市橋らは複製酵素が自分の情報をもつ正常 RNA だけを複製できるように,「自己複製系」だけを簡単な人工細胞内に封じ込めて実験を行った. その結果複製酵素自身も進化して複製速度が 100 倍以上の速さになり, 何百回という継代回数も実現することができるようになった. なお, この過程で寄生性 RNA を効果的に隔離し「自己複製系」だけを封入できる最適の人工細胞サイズが数ミクロンの細菌サイズであることが明らかになったが, これは化学進化が一歩進んで生命という複雑系が誕生するときにその細胞サイズが実際の細菌サイズに規定された 1 つの要因かもしれない. このように問題児のような寄生性 RNA であるが, 市橋によればこのような寄生性 RNA との継代共複製により多様な RNA が誕生し, 進化が本格化するという現象を見いだしている. このように, シュピーゲルマンも使った $Q\beta$ ファージの RNA だが, 現在では分子レベルで進化を追求する極めて有望な材料になっている.

核酸が先かタンパク質が先か：RNA ワールド仮説

生物が生物として無生物の世界から識別されるためには, その生命を維持する代謝系を円滑に作動させ, その機能を維持し続けなくてはならない. そのためには, 時々刻々と変化する環境に合わせて, しかるべきときにしかるべき機能をもつタンパク質を合成し, さまざまな代謝反応を制御する必要がある. さらに, そのためには, しかるべきときにこのタンパクを合成するように, 遺伝子を活性化しなければならない. DNA 上に保持された遺伝子をスイッチオンして, mRNA に情報を転写し, さらにリボソーム上で, この mRNA の情報にもとづき, 転移 RNA を動員して運ばれてきたアミノ酸を連結してタンパク質を合成（翻訳）する, いわゆるセントラ

ルドグマと呼ばれる巧妙な仕組みはどのようにしてできあがってき
たのだろうか．現在存在するすべての生物において，遺伝情報担体
としては核酸が，一方，その遺伝情報の発現にはタンパク質がそれ
ぞれ分担して機能しているが，このような分担システムはどのよう
にして形成されたのだろうか．核酸には遺伝情報を保持する構造的
な特徴があるが，代謝反応を触媒する機能はなく，一方，タンパク
質には代謝反応を触媒する機能はあるが，遺伝情報を保持する構造
はないと考えられていた．

　しかし，1982 年にアメリカのシカゴ生まれの分子生物学者**トー
マス・ロバート・チェック**（Thomas R. Cech）が触媒機能をもつ
RNA を見つけ，これに**リボザイム**と命名した．チェックは繊毛虫
テトラヒメナのスプライシングの研究を続けるなかで，タンパク質
が存在しないにもかかわらず，イントロン RNA 自身が自己の塩基
配列の一部を切り取る自己スプライシング現象を発見し，この現象
が RNA 自身が触媒機能をもつことによって起こることを明らかに
したのであった（Kruger *et al*., 1982）．すなわち，ある種の RNA
には遺伝子担体としての機能と，代謝をつかさどる触媒としての機
能が備わっていることが明らかになり，このような RNA ならば，
生命誕生の過程で，重要な代謝反応の触媒機能を果たすとともに，
その機能を情報として保存し，必要に応じて複製することが可能で
あったとする仮説で，これは，一般には「**RNA ワールド仮説**」と
呼ばれている．特異な例ではあるが，RNA ウイルスでは RNA 自
体が遺伝情報の担体となっている．この事実は，RNA を本来の遺
伝子担体と考える「RNA ワールド仮説」の傍証となっている．こ
のような RNA の遺伝情報の担体としての機能は，その後，より構
造が安定で，それだけに遺伝子担体として安全な DNA に取って代
わられたと想定されている．なお，チェックは同じくリボザイムの

一種, リボヌクレアーゼの発見者であるカナダ人の分子生物学者シドニー・アルトマン (Sidney Altman) とともに, 1989 年にノーベル化学賞を受賞した.

しかし, DNA (遺伝情報) → mRNA → タンパク質 (遺伝情報発現) という関係はあまりにも複雑ではないか. たとえ, RNA が最初は DNA の働きもタンパク質の働きも兼ね備えていたとしても, そこから, 急にこのセントラルドグマと呼ばれる複雑な仕組みができあがったとは思えない. しかも, **遺伝子暗号** (いわゆる 3 塩基が 1 アミノ酸をコードする仕組み) も複雑にすぎる. 最初から現在の遺伝子暗号ができたとは考えられない. この点について, 1 つの道筋を考えたのが, 奈良女子大学の**池原健二**で, 彼は遺伝子暗号とタンパク質の関係の進化過程について, **GADV 仮説**／ GNC 仮説とよばれる以下のような仮説を立てた (池原, 2006).

(1) 遺伝子が形成されるよりも前に, 構造の簡単な 4 つのアミノ酸, グリシン(G), アラニン(A), アスパラギン酸(D), バリン(V) からなるタンパク質 (頭文字をとって, GADV タンパク質) が擬似複製することによって GADV タンパク質が量産され, 蓄積した.

(2) このような遺伝子のない状態から, 次のステップとして, グリシン(G), アラニン(A), アスパラギン酸(D), バリン(V) という 4 種のアミノ酸をコードする 4 つのコドンが生まれた (GNC 原初遺伝コード).

(3) さらに, この情報記憶システムは進化し, 10 種のアミノ酸に対して 16 種のコドンが対応する SNS 原始遺伝コードが形成された.

(4) さらにその後長い年月をかけた遺伝暗号システムの複雑化を経

て，現在の地球上のほとんどの生物によって使われている，64種のコドンが 20 種のアミノ酸と翻訳開始あるいは終止に対応する標準遺伝コードへと進化した．

　この仮説をもって生命誕生の説明ができるかどうかは今後の研究による検証が必要だが，少なくとも，セントラルドグマの核心をなす「遺伝情報担体としての核酸と，遺伝情報発現系としてのタンパク質を結びつける遺伝暗号システム」の成立の過程について 1 つの具体的なアイデアを提起した点で，この仮説は評価されねばならないのだろう．

2.7　原始生命を育んだ温度環境
推定祖先種は好高熱性の微生物

　広範な生物に普遍的に存在するタンパク質のなかで，温度の影響に敏感なタンパク質を選び，それぞれの種について，その耐熱性を調べ，生物種間で比較すれば，その耐熱温度はそれぞれの生物が生息している環境温度を反映している可能性がある．例えば，mRNAからタンパク質が合成される過程（翻訳）で重要な役割を担う「**伸長因子**（elongation factor, EF）」と呼ばれるタンパク質は，原核，真核を問わずすべての生物に備わったタンパク質で，しかもこのタンパク質の耐熱性と当の生物の成長温度の間には相関があることが知られている．NASA の宇宙生物学研究所の**エリック・ゴーシェイ**（**Eric Gaucher**）らは現存の微生物のタンパク質を比較することにより，遠い祖先微生物のタンパク質を復元し，その至適温度範囲を調べることによって，その微生物が生息していた環境の温度を推定した．標的としたタンパク質は上述の伸長因子である．遠い祖先微生物の伸長因子を人工合成した上で耐熱性を調べたところ，その耐

熱温度は 55〜65℃ で，この祖先種が好高熱性の細菌であることが示唆された (Gaucher *et al*., 2003).

その後，ゴーシェイらはこの方法を先カンブリア紀全期間（35〜5 億年前）に応用するため，細菌の 2 つの系統樹を用いて，それらの伸長因子タンパクの構造を推定し耐熱性の変化を調べた (Gaucher *et al*., 2008). その結果，細菌の最も古い推定祖先種は 65〜73℃ の耐熱性をもっていたが，その子孫の耐熱性の変化は酸素やケイ素の同位体から得られた海洋の推定温度の変化によく対応するという. つまり，海洋に生息していた細菌の祖先種はその環境温度の変化に応じて生育温度を適応させてきたことがわかる. この研究はまた，その過程でいくつかの興味深い推定も試みている. 例えば，ミトコンドリアの祖先種と想定される細菌は 16.6〜18.8 億年前に生息していたということになり，その伸長因子タンパクの耐熱性は 51〜53℃ 程度と推定されている. また，彼らの推定法によると，シアノバクテリアは環境（海洋）温度が 63.7℃ のころに誕生したことになるが，この推定はシアノバクテリアの典型的な群落が生息できる限界高温が 65℃ 付近であることとつじつまがあう. さらに，古細菌の祖先種についても超好熱生物であったという報告がある (Gribaldo & Brochier-Armanet, 2006).

このように，3 つのドメイン，バクテリア，古細菌，真核生物の共通祖先は高い温度環境で誕生し，それゆえ好高温性の生物であったという考えで大方の生物学者の見解は統一されていた. ところが，アポロ計画で持ち帰られた月のクレーターの岩石の年代測定から意外な事実が明らかになり，祖先微生物の至適生育温度，すなわち環境温度に関する議論が再燃することになる.

後期重爆撃期

　39億年前ごろ，土星や木星といった，地球から遠い巨大惑星の軌道がずれ，その結果小惑星群が影響を受け，多数の小惑星が軌道を大きくそらせ，地球や月，水星，金星，火星の近くまで飛来し，隕石となって大量の天体衝突を引き起こした．これにより，大気がほとんどないため風化による地表の変性が起こらない月や水星のような星ではその表面に多くのクレーターを残した．これを**後期重爆撃期**(late heavy bombardment)と呼ぶ．月に大量の隕石の飛来があったのなら，当然地球にも同じような隕石の衝突が起こり，多数のクレーターを形成したに違いないが，地球上では長い年月をかけた風化作用や，その後の地殻変動でその痕跡が一掃されたのだろう．このような仮説はアポロ計画で持ち帰られた月の岩石を放射年代測定したとき，それら天体衝突で溶融した岩石の年代が39億年前後の短い期間に集中している事実にもとづき**フアド・テラ**(Fouad Tera)らによって提唱された(Tera *et al*., 1974).

　それでは，このような後期重爆撃期が実際に地球でも起こったのなら，生命がこの大カタストロフィーに影響されたのかどうかが問題となる．現在地球上で発見された最古の生命の痕跡は，**マンフレート・シドロウスキー**(**Manfred Schidlowski**)がグリーンランドで得た堆積岩から検出したもので(Schidlowski *et al*., 1979),その後の議論と検討を経て，その痕跡は38億5000万年前のものであると推定されるようになった．さらに，ドイツの**トーステン・ガイスラー**(**Thorsten Geisler**)とそのチームがオーストラリアのジャック・ヒルズの岩石から生命の痕跡らしきものを発見し，炭素の同位体比から，その年代を42億5000万年前のものと推定している(Nemchin *et al*., 2008).もしこれらの推定が正しければ，生命は大量の隕石の飛来以前，あるいは飛来時には既に地球上に存在し，

この災厄を生き延びたことになる．特に，海がそれまでにできていて，その深海深く，熱水噴出孔付近に生命が誕生し，生存していたならば，彼らがこの時代を生き延びた可能性が高くなるだろう．

これらの考え方については今も議論が継続中であるが，少なくともこれまでの「地球誕生以来 38 億年前までは地球はどろどろに溶けた状態であった」という定説を覆すものであった．実際隕石の頻繁な衝突により地球表面がマグマ状態であったという考えの根拠は，38 億年前より古い岩石が見つからなかったという事実にもとづいていたが，この前提はシドロウスキーやガイスラーらの発見により明らかに崩れてしまった．地球誕生が 45 億 5000 万年前として，以後 38 億年前まで，マグマ状態であったという仮定も根拠が薄く，溶融状態の地球が冷え固まるには 1 億年もあれば十分という理論的計算もあり，いったん冷え固まっていた表面が隕石による後期重爆撃により再度溶融状態に戻ったと考えた方が合理的である．すると，上に述べた最古の生命がこの後期重爆撃期を生き延びたという考え方にも一理があることになる．

クロード・ベルナール・リヨン第 1 大学の**ニコラス・ガルチエ**（**Nicolas Galtier**）らは，原核生物の rRNA の塩基配列中の G–C（グアニン―シトシン）の比率が彼ら原核生物の至適成長温度と比例関係にあることを利用して，すべての生物の共通祖先がどのような温度環境下に生活していたかを推定したところ，それまでの定説に反して共通祖先種は高温条件には適応しておらず，むしろ中温域を好む生物であったという結論を得た（Galtier *et al.*, 1999）．つまり，現存の超好熱性細菌は中温性の祖先種から高温への適応の結果生まれたというのだ．

一方，より新しく進んだ技術で rRNA とタンパク質のアミノ酸配列を解析し直し，その結果を実際的な進化モデルを使って解析した

リヨン第1大学の**バスティエン・ブソ（Bastien Boussau）**らは，太古の環境温度には2つのフェーズがあり，第1フェーズでは中温性の共通祖先が温度耐性を上昇させ，好温性の細菌と古細菌・真核生物のそれぞれの祖先に進化する段階とし，次のフェーズでは温度耐性が次第に下降する段階になるとした（Boussau *et al.*, 2008）．したがって2つの系統，すなわち細菌の系統と古細菌・真核生物に連なる系統は初期地球の激しい気候変動に伴う高温にそれぞれ独立に適応した結果，好温性に収れんしたのであろうと考えた．ただし，この点については，この激しい気候変動は細菌と古細菌の分岐より前に起こったと考えることもできる．そしてこの初期地球に起こった激しい気候変動の原因として天体からの隕石による「後期重爆撃」を想定して3つのドメインの系統樹を描くと，**図2.4**のように表せる．そして，この高温期を経ることにより，それまで遺伝情報を RNA に保存していた初期生命は温度に対してより安定な DNA に遺伝情報を蓄えるようになったとしている．このようにブソらの仮説は初期生命の推定生存温度に対するいくつかの混乱を統一し，さらに RNA ワールドから DNA ワールドへの移り変わりを説明する興味深い仮説として世界的に注目された．

　地球誕生後5〜6億年が経過すると，地球に頻繁に落下していた微小天体もほとんどなくなり，それとともにマグマの海と化していた地表も冷却化が進んだ．すると，大気中に水蒸気として存在していた水が大量の雨として大地に降り注ぎ，今から40億年ほど昔には海ができたと考えられている（地球冷却から大気組成の変化，海の誕生に至る仮説については第3章で触れる）．海こそは生命の揺りかご，最初の生命もこのころ誕生したと多くの研究者は考えている．最初登場した細菌がどのような栄養を営んだかについては2つの考えがあった．1つは，生命が誕生するまでに長い化学進化の時

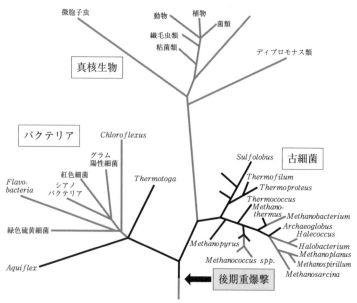

図2.4　3ドメイン系統樹における超好熱菌の分布
藤原・高（2012）より引用し，一部改変.

代が続き，このなかで生まれた最初の生命は周辺にたっぷり存在し
たこれら有機物を利用する化学従属栄養の嫌気的細菌であったとい
う説である．しかし，この説では原始大気としてメタンやアンモニ
アを主成分として想定しており，その後の研究で原始大気組成が二
酸化炭素と水蒸気を主体としたものである可能性が大きくなるにつ
れ，支持を失うことになった．代わって登場したのが，最初の生命
は硫化水素や水素などが噴出する高温条件の火山火口や，海底の熱
水噴出孔付近で，これらの物質からエネルギーを得て生活していた
化学独立栄養生物であったとする仮説である．この説は，実際に海
底の熱水噴出孔周辺で化学独立栄養細菌を一次生産者とする生態系

が発見されたのを契機に提案され，その後，細菌の系統樹を分子生
物学的に作成したとき，上述したように分岐の根元，すなわち進化
史上最も古い細菌のグループのほとんどが超好熱性細菌であるとい
う事実を強力な論拠として，現在多くの研究者の支持を得ている．

2.8　原始生命の姿

同化反応による分類

　記載されている種類だけでも7000種類以上ある細菌をその栄養
様式（異化により生成したエネルギーや外部の光エネルギーを用い
て生体高分子の合成を行い，生育や増殖の基礎とする代謝様式，同
化）で分ける場合，2つの基準を用いることが一般的である．その
1つは，その代謝に必要な炭素源を何から得るかという点で，大気
中の二酸化炭素など無機物から得る場合を独立栄養と呼び，他の生
物が合成した有機物を利用する場合を従属栄養と呼ぶ．もう1つの
基準は，そうして得られた炭素源を同化するのに必要なエネルギー
を何から得るかという点で，光エネルギーを利用する場合を光合成
と呼び，化学エネルギーに依存する場合を化学合成と呼ぶ．この2
つの基準を組み合わせて細菌を分類すると，光をエネルギー源とし
て利用し，炭酸固定を行うシアノバクテリアや光合成細菌は**光合成
独立栄養生物**に，同じく，光をエネルギー源として利用するが，炭
酸固定できないので，既存の有機物を炭素源として利用する紅色非
硫黄細菌などの一部の光合成細菌は**光合成従属栄養生物**に分類でき
る．一方，無機化合物の酸化によってエネルギーを獲得し，炭酸固
定を行う硝化細菌や，硫黄酸化細菌，鉄細菌，水素細菌などは，**化
学合成独立栄養生物**に，有機物の酸化を行いながらエネルギーを得
て，その炭素をそのまま炭素源として利用する多くの微生物は**化学
合成従属栄養生物**に分類できる（図2.5）．

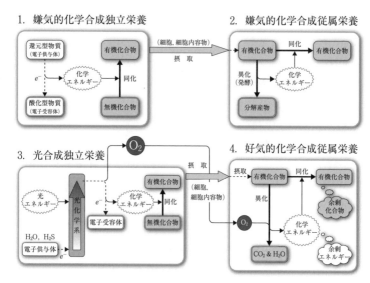

図 2.5　微生物による 4 つの栄養形式

岡山理科大学猪口雅彦氏提供．許可を得て一部改変．
なお，作図上の制約のため，この図には含まれていないが，5 番目の栄養形式として，
光エネルギーと，他の生物がつくった有機化合物を用いて生長や増殖を行う「光合成
従属栄養」がある．紅色非硫黄細菌や緑色光合成細菌がその例として挙げられる．

化学合成独立栄養生物群の世界

　生命の起源を最初に科学のレベルで考察したオパーリンやホールデンは，生命の誕生に先立ち，有機物が生成され，それらが濃縮され蓄積される化学進化の過程を想定したので，このような環境下に誕生した生命はそれらを利用する従属栄養生物であると考えていた．しかし 1977 年に，当時海底探査を続けていたアメリカのウッズホール海洋研究所の有人深海探査艇，アルビン号によって**深海熱水噴出孔**とその周りに発達した生態系が発見されるに及び，最初の生命体は独立栄養であったという考えが支持されるようになった．

　当時, 深海は太陽エネルギーも及ばない, ほとんど生物の存在しない世界であると考えられていたが, 深海熱水孔の周囲には, そこから排出される還元物質を酸化しながら炭酸固定をしている硫黄酸化細菌などの化学合成独立栄養生物が一次生産者として有機物を生産し, その周囲にその有機物に依存する原核生物や, 多細胞生物を含めた真核生物が構成する固有の生態系が出現していた. 1977年に, 海底に熱水噴出孔 (**図2.6a**) を発見した深海探査チームは, その後の調査で, その噴出孔から排出される熱水は海底の高圧下で300℃ を超える高熱になり, 大量の金属イオンを含んでおり, 海底から噴出するときに周囲の玄武岩と反応して強い酸性になっていること, また熱水中に含まれる硫酸イオンは二価の鉄イオンによって還元され硫化水素として排出されていることを明らかにした. 興味深いことに, この噴出孔の周囲には, この排出される硫化水素を利用する硫黄細菌が大量に繁殖しており, 化学合成により一次生産者の役割を果たし周囲の生物にエネルギーを供給している. また, この細菌を1gあたり1000万個の密度で体内に共生させた大型の環形動物チューブワームや, 二枚貝の一種シロウリガイが群集をつくっており, さらにこれらを餌にするエビ, カニが集まって, 小さな生態系を形成していたのだ (図2.6b). このような熱水噴出孔は原始の地球には現在よりはるかに多数存在したと考えられるから, このような熱水噴出孔付近を生命誕生の場所だと想定する説が生まれたのも無理はない. なぜなら, 深海の熱水噴出孔付近の高圧, 高温は化学反応を促進し, 周囲の低温の海水は合成された物質を熱水による分解から保護する役目を果たすからである. また, 熱水噴出孔付近には, ユーリーやミラーが想定したような, 生命に必須の高分子の源になるメタンや水素, 硫化水素, アンモニアなどといった還元性のガスも豊富に存在する. まさに, 生命誕生の場に必須の条件が

図 2.6　(a) 熱水噴出孔と (b) その周辺にできあがった生態系
この生態系の生産者は化学合成細菌．（a）https://ja.wikipedia.org/wiki/熱水噴出孔,
（b）https://upload.wikimedia.org/wikipedia/commons/f/f6/Riftia_tube_worm_
colony_Galapagos_2011.jpg より引用．→ 口絵 2

そろっているといえるからである．

　こうした，太陽エネルギーに依存しない生態系の発見は，還元性
物質が地球内部から湧き出てくる深海熱水噴出孔で生命は起源した
という説を誕生させることになった．

　また，深海熱水噴出孔のみならず，海底あるいは地上を掘削する
と，地下 5 km 程度まで化学合成独立栄養細菌群が優占する生物圏
が存在することが明らかになった．この太陽エネルギーに依存しな
いもう一つの大きな生態系の発見も，地球で最初に誕生した生命は
化学合成独立栄養を営んでいたという説を強く支持する証拠と考え
てよかろう．

　日本の深海探査チームも 2002 年に沖縄本島北西沖の伊平屋小
海嶺で見つけられた熱水噴出孔からメタン生成アーキアの新種,
Methanothermococcus okinawensis を発見した．さらに，イン
ド洋中央海嶺の熱水噴出孔からは現生のすべての生物の共通祖
先（last universal common ancestor, LUCA）に近い種として，

Methanopyrus kandleri を発見している．これらの事実は生命が誕生した場所として熱水噴出孔が有力な候補であることを示唆する強力な証拠になるのかもしれない（Takai *et al*., 2002）.

始生代の遺伝子大爆発と細菌の多様化

　細菌や古細菌の呼吸に関連して，興味深い論文が発表されている．マサチューセッツ工科大学のローレンス・ディビッド（Lawrence David）とエリック・アルム（Eric Alm）は，3つのドメインの現生生物から集めた3983の遺伝子ファミリーを対象にその塩基配列にもとづき比較系統学的検討を行ったところ，始生代の短い期間（33.3～28.5億年前）に新しい遺伝子ファミリーが爆発的に誕生したという結果を得た（**図2.7**; David & Alm, 2011）．その規模は現在の遺伝子ファミリーの26.8%に相当する大きなもので，これを「**始生代の遺伝子大爆発（Archaean genetic expansion）**」と呼んでいる．しかも，この時期に誕生した遺伝子には電子伝達系や呼吸鎖に含まれるものが多く，また，この遺伝子大爆発の時期に続いて拡充が見られた遺伝子には分子状酸素や電子伝達系に関するものが多かった．このように，明らかになった遺伝子の爆発的な誕生は，次第に酸化が進む環境の変化に対応するものと考えてよいだろう．また，遺伝子の増加に呼応して，この時代には細菌や古細菌が急激に分岐進化したと考えられている（**図2.8**; Battistuzzi & Hedges, 2008）.

　このような考え方を前提とすると，陸上とは異なり，海水中における酸素の増加，すなわち酸素発生型の光合成をするシアノバクテリアの誕生と大繁殖は，27億年よりずっと昔に遡らねばならないかもしれない.

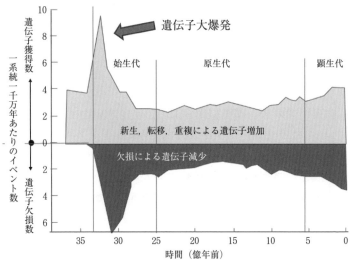

図 2.7　始生代に起こった遺伝子大爆発
David & Alm（2011）より引用し，改変.

ゲノムサイズ

　生命の基本的特徴の一つが自己の複製能力で，その鍵がゲノム
（ある生物がもつすべての遺伝情報）にあるとするなら，原始生命
にもゲノムが備わっていたであろうし，それは当然極めて小さな情
報量を担う小さなゲノムであったと考えられる．一般に生物が進化
し，体制が複雑になるにつれて遺伝子数は増えるが，ゲノムサイズ
は必ずしも遺伝子数に比例しない．しかし，原始生命体が大きなサ
イズのゲノムをもって登場したとは考えがたく，やはり小さなゲノ
ムの生物であったと考えられる．事実，系統樹上で分岐の起点に近
い生物群のゲノムサイズは小さい傾向がある．現存の生物のなかで
最小のゲノムをもつものはアブラムシの細胞内に共生する真正細
菌 *Carsonella ruddii* で，そのゲノムサイズは 16 万塩基対である．

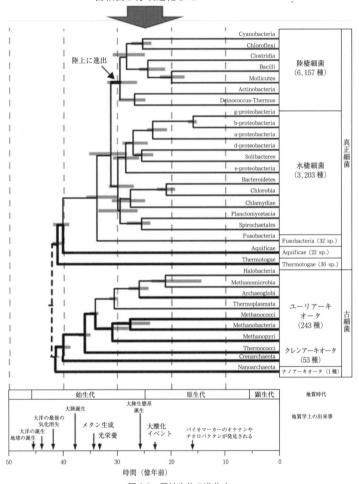

30〜20億年前に細菌や
古細菌が分岐進化した

図 2.8　原核生物の進化史
Battistuzzi & Hedges（2008）より引用し，改変．

細胞壁をもたず，哺乳類などに細胞内寄生する真正細菌，マイコプラズマもそのゲノムサイズは小さく 56 万塩基対である．また，古細菌のなかで最小のゲノムサイズの生物として知られているのは**ナノアーキオータ門**に属する *Nanoarchaeum equitans* で，そのゲノムサイズは約 50 万塩基対である．ただし，この古細菌の場合も，クレンアーキオータ門の他の古細菌，*Ignicoccus hospitalis* の表面に付着して生活し，多くの代謝系を欠いている．このように，ここに挙げたいずれの原核生物も共生的，寄生的な生活を送っているため，本来必要な機能の多くを宿主に依存することにより多くの遺伝子を失ってしまったと考えられ，そのためゲノムサイズも本来あるべき大きさから縮小した，少々異常なものと考えられる．そこで，他の生物から独立した生活を営む生物のなかでゲノムサイズの小さなものを探すと，*N. equitans* をその表面に宿らせた宿主側の古細菌 *I. hospitalis* が，これまで見つかったなかで最も小さなゲノムサイズ（130 万塩基対）をもつ生物として挙げることができる．なお，ヒトのゲノムは 32 億，大腸菌のゲノムは 460 万塩基対だ．

　生物が生物として生活するのに必要最小限の遺伝子の数はどのくらいであろうか．代謝系から逆算してその数が推定されているが，研究者によりその推定値には幅があり，遺伝子数にして 100〜300 という値が提唱されている．平均的な遺伝子のサイズは約 1000 塩基対ほどなので，必要最小限の遺伝子をもつ生物のゲノムサイズは 10 万〜30 万塩基対ということになる．上に上げた例のなかでは古細菌 *N. equitans* のゲノムサイズがこの値に近い．それにしても，原始生命体を支えたゲノムは既に非常に大きな分子であったことがわかる．正常な機能を営む原始生命体が誕生するためには，分子の巨大化と環境による選択という気の遠くなるような長い試行錯誤（化学進化）の過程が必要だったのだろう．

2.9　生命の痕跡

　生命がいつ，どこで，どのようにして誕生したのかという，本章に通底する問題については過去100年近く，さまざまな分野の多くの研究者の間で議論が繰り返されてきた．特に，分子生物学的手法の発展は現生生物の16S rRNA やいくつかのタンパク質を比較解析することにより系統樹を過去に遡ることを可能にし，生命の起源を35〜40億年ごろに想定するようになっている．しかし，実際にそのころに既に生命が存在したのか否かを確認するためには，その時代に生成されたことが明らかな堆積岩から生命の痕跡を発見する必要がある．ところが地球上では大陸が移動し，大陸同士が衝突したり，分裂したりすることを繰り返してきたため，生成時期が始生代（40〜25億年前）まで遡れる岩石が露出している場所はごく小地域に限定される．例えばそれはグリーンランド南西部の**イスア地方**で，ここには世界で最も古い（38億年前の）堆積岩の地層群の存在が知られており，さらに，西オーストラリアの**ピルバラ地方**には35億年前の，そして南アフリカからスワジランドにかけては30億年前の厚い堆積層の存在が知られている．そのため多くの研究者がこれらの地域を訪れ，生命化石やその痕跡を探査してきた．

カンブリア爆発と化石

　地球の歴史を表に示したものを地質年代表と呼ぶが，国際層序委員会（International Commission on Stratigraphy, ICS）の地質年代表によると，地球の歴史は大きく4つに分けられる．時代の古いところから，冥王代（46〜40億年前），始生代（40〜25億年前），原生代（25〜5億4000万年前），顕生代（5億4000万年前〜現在）の4区分である．さらに，顕生代は古生代，中生代，新生代に区分

され，このうち最古の古生代は6つの紀に分けられる．古生代最初
（5億4000万年前〜）の紀をカンブリア紀と呼び，それ以前の原生
代，始生代，冥王代を合わせた40億年以上の期間を先カンブリア
時代と呼ぶ．

　生物の歴史のなかではカンブリア紀とそれ以前の長い先カンブ
リア時代の間に大きなギャップがあるので，このような区分けが用
いられることになる．そのギャップとは，生物の活動の痕跡とも言
うべき化石がカンブリア紀以降の地層からは豊富に産出するのに，
それ以前の時代の地層からはほとんど産出しないという事実であ
る．この先カンブリア時代の生物化石の極端な少なさに比べて，5億
4000万年前以降のカンブリア時代に突如爆発的に多様な生物の化
石が大量に産出される事実には，「生物は長期間かけて次第に変化
してきた」という概念にもとづき「種の起源」を著したダーウィン
も大いに頭を悩ませたと言われている．しかし，このギャップは原
生代までの地球上の主役が原核生物や単細胞性の真核生物であった
ことを考えると，これら微生物の化石が後世まで残る機会は極端に
少なかったと予想されるから，発見が困難なのは当然のことであっ
たし，そもそも微生物の化石を探そうなどという試み自体が皆無で
あった．つまり，5億4000万年前以降には生物活動が明らかになる
というので，顕（表面に現れる）生（生物が）代（時代）と名付け
たのだが，始生代，原生代に生物がいなかったわけではない．例え
ば，カンブリア紀に先立つ，原生代末のエディアカラ紀（6億3500
万〜5億4000万年前）の地層（オーストラリアのエディアカラ丘
陵）からも1946年に大型の多細胞生物の化石が発見され，**エディ
アカラ生物群**と呼ばれている．これらはまだ硬骨格をもたず，柔ら
かい組織で体を構成するため，化石として残る機会が少なく，その
分発見されることもなかったのだろう．しかし，このエディアカラ

丘陵での化石発見後，世界の各地で同じ時期のものと思われる化石の発見が相次ぎ，中国ではカンブリア紀の化石を大量に産生することで知られていた澄江の堆積地層からそれに先立つエディアカラ紀の化石も見つかっている．このエディアカラ生物を考慮に入れると，カンブリア紀に入る前に生物はかなりの多細胞化を遂げていたと考えなくてはなるまい．このように，カンブリア紀の地層から突如多様な化石が大量に発見されるのは真核生物の多細胞化と大型化が進み，その化石が発見されやすくなったことと，真核生物が硬骨格や爪，歯，殻などの化石として残りやすい体制を手に入れたことが大きな理由と考えられる．このように，カンブリア紀になって急に生物活動が増え，生物の種類も爆発的に増加したように見える事象は，しばしば「**カンブリア爆発**」と呼ばれる．

原核生物や単細胞真核生物の化石は残りにくい

このように，ある生物がどの時代に生活していたかを推定するには化石が重要なヒントを与える．しかし，体を覆う殻や骨格のような硬い組織をもたない原核生物や単細胞真核生物（原生生物）が化石として残ることは極めてまれである．そのため，これらの生物の微小な化石の探査を試みる者はほとんどいなかった．

ガンフリント生物群の発見

1954 年にカナダのオンタリオ州にあるスペリオル湖岸に分布する約 20 億年前のガンフリントチャートから，**エルソ・バーグホーン**（**Elso Barghoorn**）と**スタンリー・タイラー**（**Stanley Tyler**）によって大量の微化石（1～数十ミクロン）が発見され（**図 2.9**），現生の繊維状細菌やシアノバクテリアなどに対応させて，8 属 12 種に類別され，**ガンフリント生物群**と呼ばれた（Barghoorn & Tyler 1965）．

80

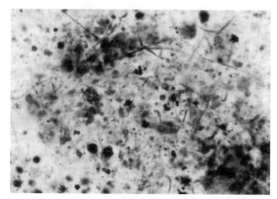

図 2.9　ガンフリント試料から採取された典型的な糸状微化石の一群
Curran（2012）より引用.

　なかでも頻繁に見られたものはフィラメント状構造の微化石で，このチャートの有機物のなかにはクロロフィル a の分解物であるプリスタンとフィタンも検出されていたので，これらは光合成能をもつ**シアノバクテリア**の化石と考えられた．つまり，少なくとも 20 億年前に相当進化した原核生物シアノバクテリアが光合成を営んでいたことになる．この発見が契機となり，それ以降世界の各地で先カンブリア時代の微化石や生物活動の痕跡化石の探査が進められることになる.

　このように 20 世紀も半ばごろから次第に微生物化石の報告が見られるようになった．ここで注目すべきは，先に述べた西オーストラリアの**ピルバラ**や，南アフリカ，あるいはグリーンランドの**イスア地方**などに残っている始生代の堆積層で，これらいずれの地にも微生物が堆積してできた**ストロマトライト**と解釈される層状の巨大構造物や，原核生物の微化石と考えられる微細な物体が含まれていた点だ．ストロマトライトとは，酸素発生型の光合成を行うシアノ

バクテリアが粘液を分泌することにより海水中に浮遊する微細な砂泥粒子を捕捉し，長時間をかけて形成した薄いマットを層状に重ねた岩石のことで，いわば，原核生物シアノバクテリアの化石なのである．ただし，それら微生物化石と報告されたものが，果たして本当に生物由来のものなのか，あるいは単に物理，化学的な作用の痕跡なのかと疑義が寄せられることが多く，なかには全く非生物起源のものであることが証明される事例も頻繁に起こり，この分野の研究に厳しい目が向けられるようになった（Schopf, 2006; Westall & Folk, 2003）．

　ストロマトライトと見なされた岩石が生物起源のものなのか，それとも物理，化学的作用の結果できたものなのかを識別することは極めて困難だが，生物起源であることを確実に立証するには，主にそのような構造物のなかに，その形成に関与した微生物の細胞が検出される必要がある．しかし，発見された多くのストロマトライトは長い時間のうちに，物理化学的な変成を受けており，微生物の細胞が確認できることはまれである．そのため，報告された大部分の始生代化石は生物由来のものであると認定されることは非常に少ない．名古屋大学の杉谷健一郎は西オーストラリアのピルバラ地塊を舞台に研究を重ねてきた．その調査のなかで発見した化石が生物起源であることを確証するため，いくつもの分析を実施し，慎重に検討を重ねた上で報告した論文が，レフリーによる査読の結果，生物起源であることが認められなかったという苦い経験を語っている（杉谷, 2016）．

化石は原核生物の起源をどこまで遡れるか

　地球上で最も古い地層群（グリーンストーンベルト）が露出している西オーストラリアの**ピルバラ地域**では，35億年前の細菌の微

化石と思われるものがカリフォルニア大学の**ウィリアム・ショップ**
(William Schopf) によって見つかっている (Schopf, 1993). これ
らの化石は数ミクロンの細胞が連なり数十ミクロンの長さになった
繊維状の構造をしており，現在のシアノバクテリア様の酸素発生型
光合成細菌であったとの解釈が示され，10 年間近く世界最古の化
石として教科書にも載った（**図 2.10**）. ただ，それがそれまで報告
されていた最古の微化石より 10 億年以上古く，しかもそれが酸素
発生型光合成細菌だというのは，大方の研究者にはにわかには受け
入れがたい考えであった. 実際，2002 年にオックスフォード大学
の**マーティン・ブレイジア** (Martin Brasier) により疑義を唱える
論文 (Brasier *et al.*, 2002) が出ており，その後も両説を補強する報
告などがいくつも提出され，今も論争は決着していない.

　西オーストラリアのピルバラ地域と並んで，地球上で最も古い地
層群が露出しているグリーンランドのイスア地方で確認された世
界最古の堆積岩中に見つかった**グラファイト**（炭素からなる元素鉱
物，石墨）はその**炭素同位体比率**[3]から生物に由来すると考えられ
ている (van Zuilen *et al.*, 2002). それが事実だとすると，原核生
物の起源は 38 億年前にまでさかのぼることになる. イスア地方の
岩石は海底に噴出した溶岩の上に堆積した泥が固まってできた堆積
岩だと考えられており，この堆積岩から検出される生物痕跡の主は
海洋に生息した原核生物だと考えられる. しかも，この地域には酸
素発生型光合成細菌の活動を示唆する縞状鉄鉱床も見つかってい

---

[3] 炭素には炭素 12 と炭素 13 という 2 つの安定同位体があり，自然界でのそれらの存
在比は 99：1 である. 植物が光合成をして炭素を同化するとき，2 つの同位体のう
ち，軽い方の炭素 12 を同化しやすい. そこで，鉱物中に含まれる生物化石とおぼ
しき部分の炭素同位体比を調べ，炭素 12 の値が周囲のそれよりも高ければ，生物
起源である 1 つの証拠となる.

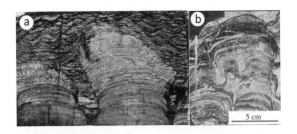

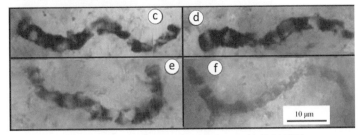

図2.10　始世代のストロマトライトとシアノバクテリア化石

(a),(b) 始生代のストロマトライト，(c)～(f) Schopf (1993) により 34 億 6000 万年前のシアノバクテリア様原核生物の細胞化石として報告されたが，Brasier (2002) はこれが生物起源であるかどうか疑わしいと考えた．Schopf (2006) より引用．→ 口絵 3

ることから，この最古の生命の痕跡はこれら光合成細菌に由来すると考えられる．ただ，この生痕化石については確証が得られないまま，懐疑的な意見に論難されていた．しかし，最近になって東北大学の研究者たちによるグラファイト結晶の電子顕微鏡観察や炭素同位体比の詳細な検討により，イスアの変性堆積岩中に含まれているグラファイトが少なくとも 37 億年前の大洋で栄えた初期生命の痕跡であることが支持されている (Ohtomo, 2014)．

　地球の化学循環における生物活動の役割という視点から生命の起源を探索したオーストラリアの研究者グループも，グリーンランドのイスア地方で新たに出現した 37 億年前の炭酸塩岩の露頭からストロマトライトを発見し，この時代までに生物による二酸化炭素の

排出を伴う浅海性の炭酸塩の生産ができあがっていたと主張している (Nutman *et al.*, 2016).

このように始生代初期の細菌化石については今後の慎重な検討が必要に違いないが，それが実在したことは次第に確かになってきているように思われる.

大気環境を変えた微生物たち

3.1 原始大気の変遷

　現在の地球の大気組成はよく知られているように，約 80% の窒素と 20% の酸素から構成されている．地球温暖化の張本人ということで問題視されている炭酸ガス（CO_2）は 2020 年の段階でわずか 0.0413% にしかすぎない．しかし，太古の昔から地球大気がこのようなガスで構成されていたわけではない．

　太陽系の形成が約 46 億年前であるということは現在定説となっているが，地球の誕生はこの太陽系の形成の一環としての出来事であるから，その年齢も約 46 億年ということになる．われわれの太陽系はそれ以前に存在した恒星が超新星爆発した結果新たに形成された，いわば「中古再利用品」であると考えられている．この太陽系形成時には超新星爆発以来存在した水素やヘリウムが，新たにできたそれぞれの惑星の周囲を覆っていた．これを一次大気と呼ぶ（**図 3.1a**）．

　一方，地球やその内側を回る金星の場合には，太陽に近い上に，

86

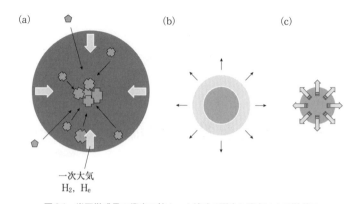

一次大気
H₂, He

図3.1 岩石微惑星の衝突に始まった地球の誕生と衝突による脱ガス

(a) ケイ酸塩と金属からなる岩石微惑星の衝突. この当時, H₂ と He (一次大気) が,
新たにできた惑星の周囲を覆っていた. (b) 地球を覆う一次大気は, 熱により宇宙空
間に拡散・消滅した. (c) 地球上にさかんに衝突する微惑星からガスが放出され (脱ガ
ス), 次第に二次大気が形成された. → 口絵4

　絶え間ない微惑星の衝突によって放出された熱エネルギーによる高
温が, これら水素やヘリウムのような軽い気体の分子速度を大きく
した. その上, 地球自体の引力が小さいため, これらの軽いガスは
地球の引力圏内にとどまることなく, 大部分が宇宙空間に散逸して
しまった. その後, 軌道上に形成された小さな原始地球は, 周辺の
微惑星を引力で引きつけ, その結果起こる激しい微惑星との衝突に
より次第にその体積を増大させた. この過程において, さかんに衝
突する無数の微惑星から放出されたガスが地球大気を形成すること
になった. このガスは二酸化炭素や水蒸気, 窒素, あるいは水素を
主体とするもので, **二次大気**と呼ばれる (図3.1b, c).

　それでは, 二次大気を構成した**脱ガス**の組成とはどのようなも
のであったか. このことを考える場合, 地球に落下してくる隕石に
関する情報が役に立つ. 隕石には窒素や炭素が含まれる他, 微量な

がら水分子 (H_2O) が含まれている．このような情報にもとづいて，地球誕生当時さかんに落下・衝突していた微惑星には平均 1% 程度の水分子が含まれていたと推定された．ところで，地球上の水の総量は約 14 億 km^3 と推定されているが，その大部分（97.5%）は海水として存在している．

しかし，この海水の質量も地球の質量に比べるとわずか 0.027% にすぎない．つまり原始地球を構成した固体成分，さらにその後，飛来した微惑星が 1% 程度の水分を含んでいたなら，そのごく一部（40 分の 1 ほど）が脱ガスとして放出されるだけで現在の海水の量程度の水を十分供給できたことになる．無数に繰り返された微惑星の衝突のエネルギーは莫大な量の熱エネルギーに転換された．しかも，この熱は，脱ガス過程で地表に放出された二次大気中の水蒸気や炭酸ガスによる温室効果で地表に閉じ込められたため，原始地球の表面は岩石の融点をゆうに超える温度まで上昇し，地球の表面全体がどろどろに融けた**マグマオーシャン**と呼ばれる灼熱地獄さながらの状態が出現する．その厚さは地表下数百キロメートルにも及んだ．マグマオーシャンが出現すると大気中の水蒸気 (H_2O) の大部分はこのマグマオーシャンに溶け込み，マグマオーシャンと反応することになった．マグマオーシャンの表層に金属鉄が存在するごく初期の間は，水分子や二酸化炭素はこの鉄と反応して鉄は酸化鉄となり，時間の経過に伴ない水分子や二酸化炭素，窒素ガスは還元されてそれぞれ水素や一酸化炭素，アンモニアガスとして放出されるため，大気中にはこれらのガスが優占することになった．

しかし，やがてマグマオーシャンのなかに含まれている鉄や金属は下に沈み，比重の小さな岩石がマグマオーシャンの表面に浮いてきて，核とマントルの分離が進むとマグマオーシャンに含まれている水分子や二酸化炭素，さらに窒素は還元されることなく，そのま

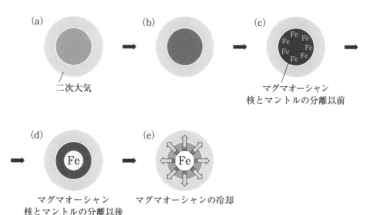

(a) 二次大気

(c) マグマオーシャン
核とマントルの分離以前

(d) マグマオーシャン
核とマントルの分離以後

(e) マグマオーシャンの冷却

図3.2　衝突脱ガスからマグマオーシャンを経て冷却へ
(a) 微惑星の衝突による脱ガス（CO_2, H_2O, N_2）が地球を覆った. (b) 衝突エネルギーの熱転換が起こり, さらに H_2O や CO_2 による温室効果が高まった. (c) H_2, CO, CH_4, NH_3 が大気を優占した. (d) H_2O, CO_2, N_2 が放出された. (e) マグマオーシャン中の H_2O も大気に脱ガスした. → 口絵5

ま水蒸気（H_2O）や二酸化炭素ガス, 窒素ガスの形で火山からの噴煙として脱ガス化した（**図3.2**）. その後, 微惑星の衝突頻度が下がり, 地球の温度は冷却に向かった.

3.2　海洋の誕生, 二酸化炭素濃度の低下, 地球の冷却

　上にも述べた通り, 微惑星の衝突が次第に少なくなると地球の温度は冷却に向かい, それまで大気中に水蒸気として存在していた水分子は気温の低下に伴い豪雨となって大地に降り注ぎ, おおよそ40億年前までには地球上に海を形成した. いったん海ができると, 大気中で2番目に多い気体であった二酸化炭素が海水に溶け込み, 海水中に大量に存在していたカルシウム（Ca）やマグネシウム（Mg）と反応して, 炭酸カルシウムや炭酸マグネシウムとなって沈

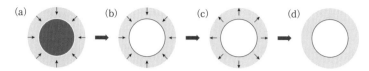

図3.3　水蒸気の冷却による大量の降雨による海の形成と，二酸化炭素の海水への溶け込み

(a) 水蒸気 (H_2O) は雨となり大量の降雨は原始の大洋を生んだ．(b) さらに冷却は進み，大気中の CO_2 は原始海洋に溶け込み，金属イオンと結合し，炭酸塩となり沈殿．大気中には N_2 が残る．(c) シアノバクテリアによる酸素発生型光合成により，大気中の CO_2 が減り，O_2 が放出された．(d) 大気成分の構成比率は，$N_2 : O_2 = 78 : 21$ となった．→ 口絵6

殿し海水中から除去されるため，海水中の溶存炭酸ガス濃度は常に低い値に保たれた．そのため，大気中の二酸化炭素の海中への溶け込みが持続的に促され，大気中の二酸化炭素ガス濃度は次第に低下した．大気中の水蒸気や二酸化炭素の濃度が減少するとこれらのガスが果たしていた温室効果も低下し，気温の低下がさらに進んだ．一方，大気中には水に溶けにくい窒素ガスが残り，大気の主成分となる．大気中の窒素ガス濃度は原始大気の時代から現在に至るまで大きな変化はなかったと考えられている（**図3.3**）．

　このように原始地球の大気中には水素や一酸化炭素，あるいはアンモニアが優占した時期や，水蒸気や二酸化炭素，窒素ガスが優占した時期があったが，やがて窒素ガスだけが大気に残る時期を迎えた．しかし，ここで重要なのは，地球誕生以来一貫して，原始大気中には，全く分子状の酸素（気体の酸素）が存在しなかった点である．

3.3　嫌気環境下における微生物の代謝
最初の生物は化学合成独立栄養生物だった

　分子状の酸素がほとんどない嫌気的な環境下では原始の生命体

の代謝は，同化反応も異化反応も，嫌気的に営まれたに違いない．まず同化作用について考えてみよう．第2章でも述べた通り，ユーリーやミラーは原始生命は原始の海に蓄積された有機物に依存する化学合成従属栄養生物であったと考えたが，その後明らかになった多くの事実は，最初の生命は海底の熱水噴出孔のような高温で硫化水素が濃厚に分布する場所で，この硫化水素をエネルギー源に用いて化学合成独立栄養を営みながら生活していたという考えを支持しており，最近では，原始生命は化学合成独立栄養生物であったという考えが主流になっている（第2章参照）．やがて，この独立栄養細菌を分解して炭素源とする化学合成従属栄養細菌が登場したと考えられる．もちろん，これら化学合成独立栄養細菌も，化学合成従属栄養細菌もともに嫌気性生物であった．

呼吸（異化反応）様式の進化

　細菌のような原核生物が営む呼吸様式としては好気呼吸と嫌気呼吸が知られている．原始大気に分子状の酸素はほとんど含まれていなかったという点に関しては，研究者の間ではほぼ見解は一致している．大気中の酸素分圧が高まるのは今から30〜27億年前に始まるシアノバクテリアの大繁殖からで，大気中の酸素分圧が急激に高まるのは古生代初期（24.5億年〜22億年前）に起こった**大酸化イベント**以降で，嫌気性生物より好気性生物に好適な大気条件に変わる**パスツールポイント**（現在の酸素分圧の約1%）に達するのは20億年前，そして，現在に近い濃度に達するのには，その後さらに15億年の歳月が必要であった．このように，生命誕生以来長い間，地球上では生命は嫌気（無酸素）的な環境条件下にあり，当然，原始的な微生物の呼吸も嫌気的なものであった．嫌気呼吸とは，広義には，有機物あるいは無機物を分解し，エネルギーを得てエネルギー

```
┌─ 発　酵 ──────────────────────────
│
│  C_6H_{12}O_6 → 2C_3H_4O_3 → 2C_2H_5OH + 2CO_2 + 2ATP
│  グルコース　ピルビン酸　エタノール
│                        ↘
│                          2C_3H_6O_3 + 2ATP
│                          乳　酸
│
│  電子伝達系を必要としないエネルギー獲得様式
└────────────────────────────────
```

$$C_6H_{12}O_6 \rightarrow 2C_3H_4O_3 \rightarrow 2C_2H_5OH + 2CO_2 + 2ATP$$

$$2C_3H_6O_3 + 2ATP$$

```
┌─ 好気呼吸 ─────────────────────────
│
│  C_6H_{12}O_6 + 6H_2O + 6O_2 → 6CO_2 + 12H_2O + 38ATP
│
│  完全燃焼型（ミトコンドリア）
└────────────────────────────────
```

$$C_6H_{12}O_6 + 6H_2O + 6O_2 \rightarrow 6CO_2 + 12H_2O + 38ATP$$

図 3.4　発酵と好気呼吸の獲得エネルギー比較

貯蔵・伝達分子である ATP を合成する代謝である．このうち基質を直接リン酸化することにより ATP を生成するような代謝を発酵と呼ぶ．この発酵により生じる呼吸の産物（電子受容体）としてはエタノールや乳酸の他に，酢酸，ブタノール，酪酸，イソプロパノール，プロピオン酸，ギ酸，アセトンなどを生産するものが知られている．このように，電子の受容体が有機物である発酵ではエネルギー転換効率が悪く，例えば 1 分子のグルコースを発酵して乳酸やエタノールに変換しても，2 分子の ATP しか生成できない（**図 3.4**）．

　有機物や無機物を分解してエネルギーを得る呼吸反応のうち，発生する電子の最終受容体が無機物の場合を狭義の嫌気呼吸と呼ぶ．特に，最終電子受容体が硝酸塩の場合これを**硝酸呼吸**と呼び，最終産物は窒素である．そのため，この反応は**脱窒**とも呼ばれ硝酸態窒素を分子状窒素に還元して大気中に放出する作用を担う．細胞膜上に存在する呼吸鎖複合体（酵素群）を介した電子伝達系によりエネルギー生産を行う点で，好気呼吸と極めて共通性が高く，この**硝酸呼吸が好気呼吸の起源である**と考えられており，呼吸代謝の進

化を考える上でも硝酸呼吸は興味深い研究対象である．興味深い例としては，硝酸呼吸を営む *Pseudomonas* 属細菌がマリアナ海溝のチャレンジャー海淵という深海の土壌から分離されている．

嫌気呼吸のうち最終電子受容体が硫酸塩の場合，これを**硫酸呼吸**と呼び，硫酸還元細菌（*Desulfovibrio* 属など）および硫酸還元古細菌（*Archaeoglobus* 属など）がこの嫌気呼吸を行う．最終産物は硫化水素である．さらに，炭酸塩を受容体とする炭酸塩呼吸を**メタン発酵**と呼び，古細菌のメタン生成菌だけが，この異化代謝を営む．もちろん最終産物はメタンである．

異化代謝に含まれる，解糖系やクエン酸回路のような最も基本的な反応経路は，3つのドメインのいずれの生物も備えているから，これらの反応経路は生物が3つのドメインに分岐する前の共通祖先に既に備わっていたと考えられる．さらに，クエン酸回路のような複雑な代謝経路の成立については，多くの研究者が関心を持ったが，結局，この一見複雑に見えるサイクリックな代謝経路が一番効率が良いことが明らかにされており，淘汰を経た代謝経路の必然の結果生まれたものと考えられている．このように，呼吸の中では好気呼吸よりも嫌気呼吸の方が起源が古く，さらに，嫌気呼吸よりも必要な酵素が少なくて済む発酵の方が起源が古いと考えられている（Wächtershäuser, 1990）．

原始的な微生物によって，最初は代謝反応に必要な酵素が少なくて済む発酵が営まれていたと考えられるが，次第にエネルギー獲得効率の良い硝酸呼吸や硫酸呼吸のような（狭義の）嫌気性呼吸が発達するようになったのであろう．

電子伝達系と共役してエネルギー（ATP）生産を行う嫌気的呼吸は発酵よりエネルギー獲得効率が良い．そのような形の嫌気的呼吸が，嫌気条件下で生活する硝酸還元細菌や硫酸還元細菌などに見い

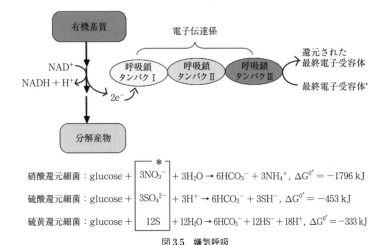

$$\text{硝酸還元細菌：glucose} + \boxed{3NO_3^-} + 3H_2O \rightarrow 6HCO_3^- + 3NH_4^+, \ \Delta G^{0'} = -1796 \, kJ$$

$$\text{硫酸還元細菌：glucose} + \boxed{3SO_4^{2-}} + 3H^+ \rightarrow 6HCO_3^- + 3SH^-, \ \Delta G^{0'} = -453 \, kJ$$

$$\text{硫黄還元細菌：glucose} + \boxed{12S} + 12H_2O \rightarrow 6HCO_3^- + 12HS^- + 18H^+, \ \Delta G^{0'} = -333 \, kJ$$

図 3.5　嫌気呼吸

＊最終電子受容体とは，酸化剤として電子を受け取って還元されるものである．

だされ，それぞれ硝酸呼吸，硫酸呼吸と呼ばれている点については上にも述べた．酸素が存在する条件下で営まれる好気呼吸の場合，電子伝達系を移動してきた電子の最終受容体は，多くの場合，酸素であるが，硝酸呼吸や硫酸呼吸などの場合はそれぞれ硝酸，硫酸などが電子受容体となっている．嫌気条件下で原始の微生物たちは長い時間をかけ，エネルギー効率の良い代謝を営むように次第に進化したのであろう（**図 3.5**）．

　しかし，現在もなお，多くの微生物が発酵という効率の悪いエネルギー獲得法を踏襲している事実は，エネルギー効率だけでは評価できない利点が発酵という代謝様式に含まれているからで，微生物は巧みにそれらの長所を使い分けているように見える．実際，微小なサイズの微生物達にとって絶えず変化し続ける環境に適応するため，複数の呼吸系を備えていることは必要不可欠な条件である．通

性嫌気性の細菌が無酸素条件下では嫌気呼吸を営み，酸素が存在するときには好気呼吸に切り替えてうまく環境の変化に適応している例などは，よく知られている．

3.4 光合成の起源は深海で

化学合成細菌はエネルギー源として酸化還元電位の異なる2種類の無機化合物を用い，酸化還元電位の低い化合物（電子供与体）から酸化還元電位の高い化合物（電子受容体）へ電子を伝達する反応（電子伝達系）と共役してATPを合成する．硫化水素，水素，亜硝酸イオン，亜硫酸イオン，二価の鉄イオンなどが電子供与体となり，酸素や硝酸イオン，二酸化炭素などが電子受容体として利用されている．この反応は酸化還元電位の勾配に従って進むので，外部エネルギーを必要としない．

光合成においては，外部からの光のエネルギーを用いて酸化還元電位に逆らって電子伝達反応を引き起こし，生体内化学反応のエネルギー源として用いられるATPを合成する．発生したATPを用いて二酸化炭素を還元し，有機物を合成する．

このような光合成のシステムは，化学合成に続いて原始生命が手に入れたエネルギー獲得法であるが，どのようにしてこのシステムが誕生したのだろうか．20世紀末になって，**ユアン・ニスベット**（**Euan Nisbet**）が，光合成は深海の熱水噴出孔のような環境で誕生したという大胆な仮説を提唱した（Nisbet *et al*., 1995）．そこには，光合成生物に限らず，原始生命そのものが熱水噴出孔のような環境下で誕生したという考え方が近年多くの支持を得ているという背景がある．今日見られる深海の熱水噴出孔から放出される熱水は，高温高圧のなかを通過する際にさまざまな物質を溶かし込み，硫化水素やメタン，水素，二酸化炭素のようなガスと，鉄，マグネシウ

ム，亜鉛，ケイ素などの鉱物質を豊富に含む．このような環境に生息する細菌は，硫化水素や水素，メタンなどを電子供与体とし，酸素や硫黄，硫酸イオン，二酸化炭素，鉄イオンなどを電子受容体とする化学合成細菌であると考えられてきた.

　このような熱水環境は，原始地球の海底火山の周辺の浅海や大洋の深海底のマントル上昇部などに広範に分布し，化学合成を営むさまざまな古細菌や好熱性の真正細菌の群集を育んできたのであろう．そのような熱水環境の特徴は摂氏数℃から400℃にかけての極端な温度勾配にあり，また放出される熱水がもたらす毒性物質の濃度勾配のなかにある．すなわち，ほんの数センチメートルの範囲内で数百℃の温度勾配が形成されており，しかもそのような場所こそが生命を支える化学エネルギーを得るのに絶好の場所なのである．熱水噴出孔から遠すぎる場所に生息すればエネルギー不足に直面するし，近づきすぎると熱により茹で殺されるか，熱水の毒性により殺されてしまう．現代の熱水噴出孔付近に生息する生物（vent organisms）は熱水噴出孔からの適正距離を保つためにさまざまなセンサーを用いていることが知られている．例えば，熱水噴出孔の周囲でよく見られるエビの一種 *Rimicaris exoculata* は外形的には目をもたないが，ロドプシンとよく似た吸収スペクトルをもつ色素を含んだ器官をもっている．この色素の吸収スペクトルのピークは 500 nm 付近と遠赤外領域の2つの部分にあるため，このエビは人間の目には見えない熱水噴出孔からの赤外線を感知することによって熱水噴出孔からの適正距離を測っていると考えられている.

　細菌にも光に対する走性があることが知られている．紅色細菌の一種，*Rhodospirllum centenum* は可視域の光には負の，赤外域の光には正の走光性（赤外波長の光への走性）を示すことが知られている．熱源から放射される熱は赤外線のスペクトルを示すが，熱

が高くなると熱放射も増加し，赤外線スペクトルのピークは短波長側に移動する．400℃における熱放射のスペクトルはほとんど可視域付近まで近づく（ヒトの視覚は550 nm付近に最大の感受性ピークをもつロドプシンに依存している）．しかし，この効果は水による吸収のため部分的に弱められ，結局800〜950 nmと1000〜1150 nmの2つの波長域で赤外線の強さがピークになる．一方，海面から到達する日光の影響は，水の深さが数メートルにもなると水に吸収され，弱められるので，熱源からの影響の方がはるかに強くなる．ここで，興味深いことに，**バクテリオクロロフィル**の吸収波長はこれらの2つの赤外線のピークと一致するのである．つまり，バクテリオクロロフィルaの吸収ピークは800〜950 nm付近にあり，バクテリオクロロフィルbの吸収ピークは1000〜1150 nm付近にある（**図3.6**）．

　初期の真正細菌のうち水深が数メートルより深いところに生息していて，移動力があり，2つの赤外ピークのうちいずれかを感知できたものは，生息に好適な条件の場所に選択的に移動し占拠したのであろう．特に，深海の熱水噴出孔付近では，噴出孔の近くは300℃以上の高温になり，そこから少し離れると1〜3℃という低温環境が広がる．細菌や熱水噴出孔付近に生息する細菌以外の生物群（例えば，チューブワームやある種の二枚貝，エビなど）にとって生息可能域は熱水噴出孔の周囲のごく限られた範囲だけであろう．したがって，この限られた範囲に移動，分布する能力が不可欠になる．熱水噴出孔における赤外線のエネルギーだけでは光合成を駆動するには十分でないが，熱水噴出孔の熱源から発せられる赤外線に対する走光性が光合成進化への前駆段階になったのだろう．つまり，最初に化学合成細菌のなかで，バクテリオクロロフィルが走温（光）性のためのセンサーとして発達し，これが光合成に利用されるように進化したというのがこの仮説の主旨である．

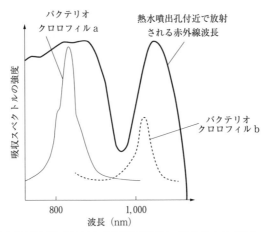

図3.6　熱水噴出孔付近で放射される赤外線の波長とバクテリオクロロフィルの吸収波長

Nisbet (1995) より引用し，改変．

　大胆に見えたこの仮説は 1998 年になって一躍現実のものとなった．この年，太平洋北東部，バンクーバー沖のファン・デ・フーカ海嶺の海底 2000 m の熱水噴出孔から放出される熱水のなかから光合成細菌と思われる好気性の細菌が分離された（Yukov & Beatty, 1998）．この細菌は光合成の集光性複合体と反応中心複合体に結合したバクテリオクロロフィル a をもっていた．この細菌は 16S rDNA のシーケンス解析より α プロテオバクテリアの一種であることが明らかになり，*Cirtomicrobium bathyomarinum* と命名された．さらに，2005 年には東太平洋海嶺の深海の熱水噴出孔から嫌気性の光合成細菌が分離されたが，この細菌は極端に弱い光条件下で光合成を営むことにより生育エネルギーを得ている緑色硫黄細菌の一種であった．

　熱水噴出孔付近の環境は原始地球の環境と類似点が多いと考えら

れており，このような環境下から光合成細菌が分離されてきた事実
は，光合成細菌も，このような海底の熱水噴出孔のような高温で，
硫化水素をはじめとするガスや，鉄，マグネシウムなどの鉱物質を
豊富に含む環境条件のなかから誕生したとする仮説の強力な証拠と
なるであろう．そして，そのような細菌は当初，化学合成細菌のな
かから誕生し，温度に対するセンサーとして誕生したバクテリオク
ロロフィルを次第に変化させ，光合成のシステムを手に入れたと考
えると無理なくその成立過程を説明することができる．今後の実証
的な研究の成果が期待されるテーマである．

3.5　光合成系の進化

光合成を行う 5 つの細菌グループ

　現在地球上に生息する細菌のなかで，光合成を行う細菌には次の
5 つのグループがある．それは，紅色細菌 (purple bacteria (Pro-
teobacteria))，緑色硫黄細菌 (green sulfur bacteria)，緑色非硫黄
細菌 (green nonsulfur bacteria)，ヘリオバクテリア (heliobacte-
ria)，および，**シアノバクテリア** (cyanobacteria) である（**図 3.7**）
（これらのバクテリアとは別に，古細菌の仲間にも光合成を営むも
のがあるが，その光合成のメカニズムはこれらの細菌のものとは全
く異なる）．これらの光合成細菌は，膜を介して光エネルギーを電
気化学ポテンシャル差に変換し ATP 合成を行っている．また，酸
化還元反応への変換媒体としてバクテリオクロロフィルあるいは
クロロフィルのような色素を含有している．これらの 5 つの**光合成
細菌**グループのうち，シアノバクテリアだけが酸素発生型の光合成
を行うが，他の光合成細菌は酸素発生を伴わない光合成を行ってい
る．シアノバクテリアを除き，他のすべての光合成細菌の場合は同
じ系統内に化学合成細菌と光合成細菌が混在している．このこと

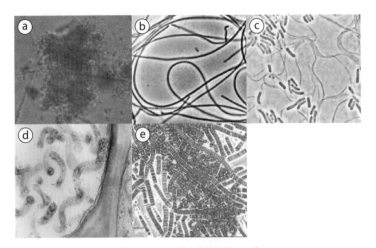

図 3.7　5 つの光合成細菌グループ
(a) 紅色細菌，(b) 緑色硫黄細菌，(c) 緑色非硫黄細菌，(d) ヘリオバクテリア，(e) シアノバクテリア．→ 口絵 7

は，化学合成細菌から光合成細菌が誕生したという仮説の一つの傍証といえるかもしれない．

　これら光合成細菌のなかで光合成システムはどのように進化してきたのだろうか．上述したように，最初の光合成細菌は化学合成細菌から生まれてきたと考えられている．その誕生の過程は長い間謎だったが，近年になって「深海の熱水噴出孔などの環境下で，生息に適した限られた領域を選び出すための温度センサーとして誕生したバクテリオクロロフィルが，のちに光に対するセンサー，さらには光合成色素へと進化した」という興味深い仮説が提唱された．この仮説はその後，光合成細菌が実際に深海の熱水噴出孔に生息することが確認されることにより多くの支持を集めるようになった．以上の点については 3.4 節で詳しく述べたが，それでは，そのような

光合成システムは細菌グループのなかでどのように進化してきたのだろうか. 光合成細菌の系統関係を解くためにさまざまな遺伝子を標的にした分子系統解析が試みられてきた.

光合成細菌の分子系統解析

　ウーズを皮切りに何人かの研究者は, 16S rDNA を用いて原核生物の系統解析を行うなかで, 光合成細菌の系統解析を行い, 緑色非硫黄細菌が真正細菌のなかでは最初に分岐し, 緑色硫黄細菌, ヘリオバクテリア, シアノバクテリア, 紅色細菌はずっとあとになって分岐してきたと考えた (**図3.8**; Woese, 1987).

　ラドヘイ・グプタ (Radhey Gupta) はヒートショックタンパク質など細菌種間で保存性の高い 25 のタンパク質を選び, そこに含まれるインデル (DNA の塩基配列の欠失や挿入) を用いて光合成細菌の系統解析を行い, ヘリオバクテリアが最も初期に登場し, この系統から緑色非硫黄細菌, シアノバクテリア, 緑色硫黄細菌, 紅色細菌の順番で光合成系が広がったとしている (Gupta, 2003).

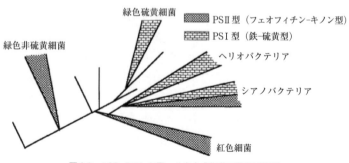

図3.8　16S rRNA を用いた光合成細菌の進化系統樹
Blankenship (1992) より引用し, 改変.

　このように，標的とする分子によって全く異なった系統関係が導かれている．これは，遺伝子によっては水平転移が起こることなどにより，その遺伝子の系統関係と，その遺伝子を担う生物種そのものの系統関係が一致しないからである．したがって，光合成系の系統を論じるのに，光合成系以外の遺伝子を用いるのは適切ではないだろう．

光合成色素から見た光合成系の進化

　サム・グラニック（**Sam Granick**）は光合成細菌の**光合成色素**合成経路を比較するなかで，シアノバクテリアがもつクロロフィル a の方が，他の光合成細菌がもつバクテリオクロロフィル a より簡単な経路で合成されることを発見した．この事実にもとづき，彼はシアノバクテリアが他の光合成細菌に先んじて登場したという仮説を唱え，この説が長い間支持された（Granick, 1965）．

　しかし，**ジン・シオン**（**Jin Xiong**）らはより詳細に光合成系の進化を探るため，緑色硫黄細菌（*Chlorobium tepidum*）と緑色非硫黄細菌（*Chloroflexus aurantiacus*）を用いて，バクテリオクロロフィル／ポルフィリン生合成，カロチノイド生合成，光合成電子伝達系などに関与する酵素をエンコードする 31 のタンパク質に翻訳される可能性のある塩基配列（ORF）のシーケンス約 100 kb を解読し，その情報にもとづき光合成生物の系統関係を解析した．その結果，以下が明らかとなった（Xiong *et al.*, 2000）．

(1) ヘリオバクテリアが酸素発生型の光合成の共通祖先に最も近縁であること．

(2) 緑色硫黄細菌と緑色非硫黄細菌は互いに最も近縁であること．

(3) 紅色細菌が光合成細菌としては最初の光合成系の生物であるこ

と.

(4) 系統解析全体から,バクテリオクロロフィル生合成系はクロロ
フィル生合成系より早く進化したと考えられること.

特に,(4) の結論は,より簡単な生合成経路から生じるクロロフィル a は,より複雑な生合成系によって生産されるバクテリオクロロフィルよりも先に進化したというそれまで,広く支持されていたグラニックの説を否定するもので,シオンらは光合成色素の進化のなかで,バクテリオクロロフィル生合成経路の短縮が起こり,クロロフィル a 生合成系が生じたと考えている.

シオンの研究グループの一員であった神奈川大学の**井上和仁**はクロロフィル・バクテリオクロロフィルの合成に関係する多数の酵素を分子指標に用いて,光合成細菌の系統関係を詳しく調べた(図 3.8; 井上 他, 2002).

例えば,**図 3.9** はクロロフィル・バクテリオクロロフィル合成経路の途中で,プロトクロロフィリドをクロロフィリドに還元する酵素のサブユニットをエンコードする遺伝子 bchB/chlB の塩基配列にもとづく系統樹である.例外はあるが,色素合成に関係する大多数の酵素においてこれと同様の系統関係が導かれるという.このような光合成に関与する色素合成系の系統解析から得られた情報にもとづき,井上らは光合成の初期進化を次のように想定している.

(1) 最初に光合成能力を獲得したのは,バクテリオクロロフィル a をもつ生物(紅色細菌の祖先).

(2) 次に光合成能力を獲得したのは,バクテリオクロロフィル a にアンテナ色素としてバクテリオクロロフィル c が付け加わった生物(緑色非硫黄細菌と緑色硫黄細菌の共通祖先).

(3) 続いて,ヘリオバクテリアがクロロフィル a と化学構造のよく

(a) 紅色細菌
(b) 緑色硫黄細菌
(c) 緑色非硫黄細菌
(d) ヘリオバクテリア
(e) シアノバクテリア

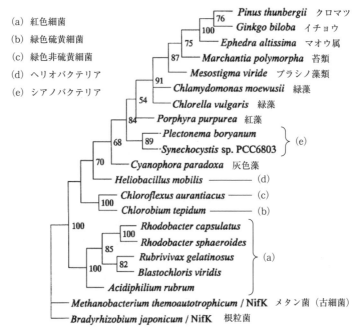

図3.9 光合成細菌の分子系統樹

光非依存型プロトクロロフィリド還元酵素のサブユニット，BchB/ChlB のアミノ酸配列にもとづいて最大節約法によって作成された．系統樹上の数値はブートストラップ値を示す．実線の長さは相対的遺伝的距離を示す．井上 他 (2002) より引用し，改変．

似たバクテリオクロロフィル g を得ることにより光合成能力を獲得した．

(4) 最終的にシアノバクテリアがクロロフィル a を得ることにより酸素発生型の光合成細菌となった．

　シオンらは，光合成系の進化と光合成生物の進化は別の次元の問題であり，前者は光合成という生物エネルギー過程に関与する限ら

れた遺伝子の進化の問題であるのに対して，後者は全ゲノムを含む
その生物種自体の系統の問題で，両者は厳密に区別されなければな
らないと指摘するとともに，もし，光合成細菌そのものの系統関係
を解読するなら，垂直遺伝する 16S rRNA のような遺伝子を用いな
くてはならないと提言している．これらのことから明らかなよう
に，シオンらは，光合成系の遺伝子が，光合成を行うすべての生物
の間で水平転移（HGT）してきたと考えている．この点については
次に述べる光合成器官の詳細な比較からもさらに明らかになる．

光合成器官から見た光合成系の進化

　光合成細菌の場合，光化学反応に関与する色素やタンパク質から
なる**光合成反応中心**（光化学系複合体）は細胞膜に埋め込まれてい
る（図 3.10）．

　上述した通り，現在の地球上に生息する光合成細菌は大きく 5 つ
のグループに分けられることが多いが，それらの光合成反応中心は
グループごとに異なる．光合成細菌のうち 4 つのグループは，ただ
1 種類の反応中心しかもたない．例えば，緑色硫黄細菌とヘリオバ
クテリアの光合成反応中心は，鉄-硫黄型（Type 1, PSI 型）と呼
ばれ，鉄硫黄クラスターが電子伝達に関与する反応中心をもつ．そ
の反応中心タンパク質は 2 つの同じ分子からなるホモダイマーであ
る．一方，紅色硫黄細菌や緑色非硫黄細菌（緑色滑走細菌）はキノ
ン型（Type 2, PSII 型）と呼ばれ，フェオフィチン-キノンが電子
伝達に関わる反応中心をもつ．その反応中心は互いに少し構造が異
なる 2 つのタンパク分子からなるヘテロダイマーである．さらに，
高等植物や藻類と同じように酸素発生型光合成を行うシアノバクテ
リアの場合は，これら 2 つの反応中心，PSI 型と PSII 型を併せもっ
ており，このことが，このグループの細菌だけが酸素発生型の光合

(a)

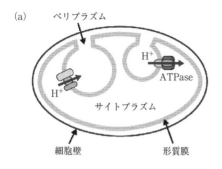

(b)

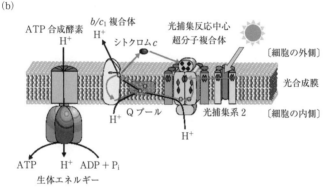

図 3.10　光合成細菌の細胞膜上に配置された光合成装置
(a) 光合成装置の細胞膜上の配置，(b) 光エネルギーから生体エネルギーへの変換を行う一連の分子機械の膜式図．http://biophys.sci.ibaraki.ac.jp/ATP.html より引用し，改変．

成を行うことを可能にしている（**表 3.1**，**図 3.11**）．このように，どのような光合成反応中心をもっているかという視点から光合成細菌各グループの類縁性を見た場合，それらの関係は 16S rRNA で求められたそれぞれの光合成細菌種の進化系統関係とは全く対応しない．これは，おそらく光合成に関係する遺伝子群が系統的な関係を超えて水平転移したことに原因があると考えられている．

106

表3.1 5つの光合成細菌グループの特徴比較

	O$_2$ 発生	嫌気 生育	好気 生育	光化学系
緑色非硫黄細菌	−	+	+	PSII
緑色硫黄細菌	−	+	−	PSI
シアノバクテリア	+	−	+	PSI + PSII
紅色細菌	−	+	+	PSII
ヘリオバクテリア	−	+	−	PSI

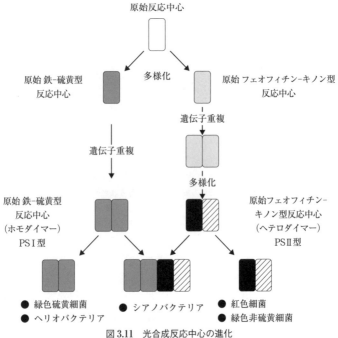

図 3.11　光合成反応中心の進化

Blankenship (1992) より引用し，改変. → 口絵 8

3.6　酸素発生型の光合成の起源

　紅色細菌から緑色硫黄，緑色非硫黄細菌，ヘリオバクテリアを経てシアノバクテリアへと光合成というエネルギー獲得法が広がっていく過程で，この機能の担い手である光化学反応の中心色素にも変化が起こった．紅色細菌の場合，大部分の中心色素はバクテリオクロロフィルaであるが，バクテリオクロロフィルbをもつ例外もある（*Blastochloris viridis*）．緑色硫黄細菌や緑色非硫黄細菌の場合にも，反応中心の色素はバクテリオクロロフィルaであるが，緑色非硫黄細菌の場合，光捕集系の色素にはバクテリオクロロフィルcやカロテノイドを使っている．ヘリオバクテリアの場合はバクテリオクロロフィルgを光合成色素として用いている点で特異的である．

　シアノバクテリアはこれ以外の光合成細菌とは異なり，バクテリオクロロフィルの代わりに，クロロフィルaを光合成反応中心色素として用いている．バクテリオクロロフィルのB環の単結合を二重結合にすると，クロロフィルaができるが，そのためには，バクテリオクロロフィルの合成反応に関与する2，3の酵素を働かなくするだけでよい．つまり，これらの酵素をつくる遺伝子を失うことにより，クロロフィルaが誕生した．こうしてできたクロロフィルaはバクテリオクロロフィルに比べて短波長側に吸収のピークがあり，水を酸化するのに十分な高い酸化還元電位を実現することができる．つまり，光エネルギーを用いて水分子を分解し，プロトン（水素イオン）と酸素分子，そして電子をつくり，この電子によって次式の通り，最終的にエネルギーを蓄えるATP分子がつくられる．

$$2H_2O + 光エネルギー \rightarrow 4H^+ + 4e^- + O_2 \uparrow$$

このように水分子の分解により得た電子を用いて ATP を生産することが，この反応の本質であるが，副産物として酸素分子が生産される．そのため，シアノバクテリアの光合成は「酸素発生型光合成」と呼ばれ，他の光合成細菌の光合成と区別する重要な特徴とされている．一方，バクテリオクロロフィルではその構造上の制約のため，水を酸化するのに必要な高い電位が得られず，電子供与体として水の代わりに硫化水素などが利用されている．そのため，光合成を行っても酸素を発生することはない．

さて，高等植物や藻類も酸素発生型の光合成をすることはよく知られた事実である．第４章で後述するように，これらの植物が光合成能力をもったのは，光合成能力のある細菌がこれら植物の祖先にあたる真核生物の細胞内に共生するようになって光合成を担う細胞小器官「葉緑体」になったからだと考えられている．この場合，葉緑体の起源となった細菌は酸素発生型の光合成をする細菌ということで，シアノバクテリアの祖先種が候補に挙げられた．しかし，ここに問題がある．というのも，高等植物の光合成色素はクロロフィルａとｂの２種であるが，シアノバクテリアの場合は，クロロフィルａしか備えていないからである．そんななか，緑色植物と同じようにクロロフィルａとｂの両色素を併せもつプロクロロンやプロクロロコッカスという**原核緑藻**と呼ばれる微生物が発見され，この原核緑藻こそ葉緑体の起源生物ではないかと注目を集めた．

ところで，ここで問題になっているクロロフィルｂという色素はクロロフィルａのＢ環のメチル基が２つの酵素反応を経てフォルミル基に置換されることによりできる（**図 3.12**）．この反応に関与する酵素（クロロフィリドａオキシゲナーゼ）の遺伝子を *CAO* 遺伝子というが，北海道大学低温科学研究所の**田中歩**らはこの *CAO* 遺伝子を用いて関連する光合成生物の系統解析を行った．その研究で

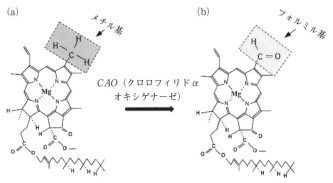

図 3.12 (a) クロロフィル a と (b) クロロフィル b
田中 (2001) より引用し，改変.

　明らかになったのは，原核緑藻と真核緑藻および緑色植物の *CAO*
遺伝子は独立に獲得されたのではなく，共通の起源に由来するとい
うことであった.

　つまり，原核緑藻とシアノバクテリアの共通の祖先はクロロフィ
ル a と b の両方をもっていたが，シアノバクテリアはその後，クロ
ロフィル b を失ったことになる. 同じことは，真核性の藻類であ
る紅藻や褐藻についても該当し，これらの藻類もクロロフィル a の
色素しかもたない（**図 3.13**）. 彼らの研究が明らかにしたもう一つ
の点は，シアノバクテリアと別グループとして扱われていた原核緑
藻はシアノバクテリアの系統樹のさまざまな分類群に位置するこ
と，つまり，シアノバクテリアのメンバーの一員であるという点で
あった. つまり，クロロフィル b をもつシアノバクテリアの登場
はこの仲間の進化のなかでは比較的新しい出来事であると言える
(Palenik & Haselkorn, 1992). また，その後の研究で，多くのシア
ノバクテリアはクロロフィル a だけをもつが，種類によってはクロ
ロフィル a の他にさまざまなクロロフィルをもつものが見つかって

110

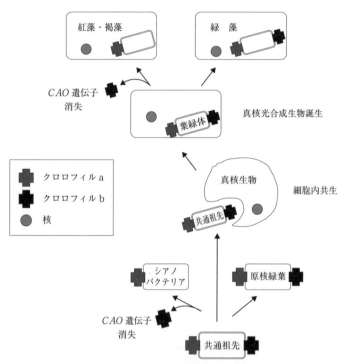

図 3.13　新しい光合成色素の獲得と植物の進化
田中 (2001) より引用し，改変.

おり，光合成生物のなかでもシアノバクテリアの仲間が最も多様な
クロロフィルをもつ系統群であることが明らかになっている．

　バクテリオクロロフィル a の合成反応過程をほんの少しスキップ
することにより新たな光合成色素クロロフィル a が誕生した．この
色素はバクテリオクロロフィルとは異なり，水を分解するのに必要
な高い酸化還元電位を備えていたため，吸収した光エネルギーを用
いて，環境中に豊富にあった水を分解し，ATP 分子を生産するよ

うになった．このとき，水分子に含まれていた酸素分子が遊離し，大気中に放出されることになったのだ．光合成細菌がもつ光合成色素の代謝経路に起こったちょっとした変化が酸素発生型の光合成生物を誕生させ，その結果長い時間をかけて地球の大気環境に変化をもたらした．そしてそのことが結果として真核生物の誕生を促すきっかけとなったのだから，生物の進化はダイナミックである．

3.7 ストロマトライトが語るもの

オーストラリア大陸の西海岸中央部にシャーク湾という，面積が10,000 km^2 ほどの世界自然遺産に指定された湾がある．平均水深が10 m という浅海で，高温で乾燥した気候のため水の蒸発量が年間降雨量をはるかに上回り，またこの湾の 40 % を占める区域に繁茂する海藻により潮流が流れにくくなっているため，塩濃度が外洋の 1.5～2 倍の濃度になっている．この湾の湾奥に位置する，湾全体の 10 分の 1 ほどの面積の区域はハメリン・プールと呼ばれるさらに浅い海となっていて，そこにごつごつした黒くて丸いドーム状あるいは柱状の岩が一面に散在している．これは，シアノバクテリアと堆積物が何層にも積み重なって形成された層状構造をもつ岩石で，**ストロマトライト**と呼ばれる（**図 3.14**）．この岩石は繊維状のシアノバクテリアの次のような気の遠くなるほどの長い年月をかけた生長活動の繰り返しにより形成されるが，その成長速度は 1 年に約 0.5 mm と極めて遅い．ストロマトライトの大きさはざっと 50 cm ほどであるから，この大きさにまで生長するには，約 1,000 年の歳月がかかっていることになる．

(1) シアノバクテリアが砂泥の表面に定着し，日中に光合成を行う．
(2) 夜間には活動を休止し，泥などの堆積物を海水中の炭酸カルシ

(a)

(b)

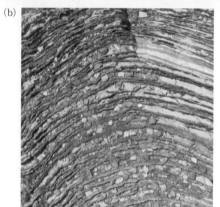

図 3.14 (a) オーストラリア西海岸のシャーク湾に広がるストロマトライトと, (b) その断面に見える層状構造

(a) https://ja.m.wikipedia.org/wiki/ファイル:Stromatolites_in_Sharkbay.jpg.
(b) https://serc.carleton.edu/NAGTWorkshops/sedimentary/images/stromatolite.html より引用. → 口絵 9

ウムとともに自ら分泌した粘液を使って固定する.

(3) シアノバクテリアは呼吸をするため上向きに分裂生長し, 翌日

になると再び光合成を始める.

　化石としてのストロマトライトは19世紀末に発見され，1908
年にギリシャ語の「ベッド」あるいは「層」を表すstromaと「岩
石」を表すlithosから「ストロマトライト」と命名された. ストロ
マトライトは層状の累積付加構造体で，このころ既に，この岩石の
成因がシアノバクテリアの活動によると主張する研究者もいたが，
その成因については岩石が再結晶化しているため確定することが困
難で，長い間結論が出なかった. ストロマトライトが微生物，主と
してシアノバクテリアの活動によって形成されたものであることが
明らかになるのは1960年代になってからである. このころ，上に
述べたオーストラリア西海岸のシャーク湾で現生するストロマトラ
イトが初めて発見され，その形成のメカニズムが明らかになった.

　このような現在のストロマトライトの研究から，何十億年前に形
成されたストロマトライトも同様に，シアノバクテリアによって形
成されたものだろうと考えられるようになった.

　ストロマトライトは先カンブリア時代の地球上に極めて大量に
存在した. しかし，先カンブリア時代の末期，8～6億年前にはそ
の活動は大幅に減少した. その原因はおそらくこの時代に出現した
多細胞動物と関係があるのだろう. この時代に登場した多細胞動物
には，シアノバクテリアを餌にしたものもあったと思われる. 現在
でも，ストロマトライトが生存しているのは，塩濃度が異常に高い
オーストラリアのシャーク湾のように，他の生物活動が抑制されて
いる場所が多いという事実はこのような説明を支持するかもしれない.

　地質時代の化石に最も頻繁に見いだされるのは*Collenia*属のシ
アノバクテリアである. かつて微生物起源であることが確認された
最古のストロマトライトはオーストラリアのTumbiana層から採

取された 27 億 2400 万年前のストロマトライトだとされていた．この場合，化石とされる岩石をナノスケールで観察し，その薄い層のなかに生物起源の小球体の塊を確認していた．また，アラゴナイト（霰石）の超微結晶がこの小球体に密着していた．これらの特徴は現生のストロマトライトと極めてよく似ているので，この太古のストロマトライトの形成も，現生のものと同じく，微生物の活動によるものと考えられる．

　最近の研究ではストロマトライトの起源はさらにさかのぼって，34 億 5000 万年前だとする報告がある (Allwood *et al.*, 2009)．それは，西オーストラリアの Strelley Pool 累層と呼ばれる地層から産出したストロマトライトを観察した結果である．ストロマトライトの化石をはじめ，始生代の岩石から発見される微化石については生物由来のものではなく，物理・化学的な変成作用の結果形成された偽化石だという懐疑的な見解が示されることが多い．しかしこの場合は，岩石全体の炭素同位体組成と微化石部分の $^{13}C/^{12}C$ 比において光合成の特徴である同位体分別（光合成では重い ^{13}C より，軽い ^{12}C をより多く取り込む）が起こっているかどうか，微化石の形態が現代のシアノバクテリアやバクテリアに類似しているか否かを調べ，さらに化石体内の炭素をレーザーラマン法で同定することにより，これらの微化石が生物由来の化石であることが証明されている．

　地球には，太陽表面から飛び出してくる荷電粒子（陽子，ヘリウムの原子核，電子）が秒速 300〜500 km のプラズマとして吹き付けている．これを，太陽風と呼び，その直撃を受けると，生命は大きな障害を受けることになる．また，地球には宇宙空間を飛び交う放射線，いわゆる宇宙線も常時飛来している．幸い宇宙線は地球を覆うようにして流れている太陽風がブロックしてくれるので，ほとんど地表を直撃することはない．一方，太陽風に対しては地球の磁場

が防御壁（シールド）の役目を果たしていることが知られている. しかし, この磁場は地球誕生以来存在したわけではない. ちょうど 27〜28 億年ほど昔, マントル対流に大きな変化が生じ, これを機に磁場が発生したと考えられている. つまり, それまでは地球には磁場がなかったため, 太陽風のような荷電粒子が地表を直撃し, 生命が地表で活動することを妨げていた. そのため, 深海で誕生した生命は海の表層に進出することなく, 深海にとどまっていたと思われる. しかし, **磁場の発生**は生命の活動可能域を一気に広げた. ちょうどそのころ, 地殻の運動にも大きな変化があった.

3.8 大酸化イベント

地球では約 27 億年前に大陸地殻が急激に成長し, 大陸が形成され, その大陸の周辺には広大な浅海域が誕生した. 30 億年以上前に誕生し, 徐々にその生活域を拡大していたシアノバクテリアがこのような浅海域に大繁殖を開始した. シアノバクテリアは盛んに酸素発生型の光合成を行うため, 多量の分子状（気体）の酸素が放出された. しかし, シアノバクテリアの光合成活動が活発になってから 8 億年の長い歳月においては, 放出された酸素は海水に大量に溶存していた二価の鉄イオン（Fe^{2+}）を酸化し, 三価の鉄イオン（Fe^{3+}）に変えるのにすべて使われたため, 大気中の酸素濃度が増加してくることはなかった. 三価の鉄イオンは溶存性が低い水酸化第二鉄（$Fe(OH)_3$ または $FeO(OH)$）の形で析出し, 沈殿した. 海底に沈殿した水酸化第二鉄は脱水して赤鉄鉱（Fe_2O_3）となる. 酸素供給源であるストロマトライトが陸の周辺の浅海に分布していたからであろう, 酸素と結合した水酸化第二鉄は陸地近くの大陸棚や大陸斜面に広く沈殿し, 「**縞状鉄鋼層**」と呼ばれる鉱床を出現させた（**図 3.15**）. この鉱床は鉄鉱石に富む層と主にケイ酸塩鉱物からなる

116

図 3.15　西オーストラリアのハマスレー層群に見られる，25 億年前のブロックマン縞状鉄鉱層

九州大学総合研究博物館ウェブサイト（撮影：清川昌一氏），http://www.museum.kyushu-u.ac.jp/publications/special_exhibitions/PLANET/07/07-1.html より引用.
→ 口絵 10

層が厚さ 0.5～3 cm ほどの間隔で交互に重なり合い縞状に成層している．北アメリカやオーストラリアには厚さが数百メートル，長さが数百キロメートル以上に達する大規模な鉱床があり，全世界の鉄鉱石埋蔵量（1,500 億 t）の大半がこの縞状鉄鋼層である．この鉱床の規模の大きさを考えると，27 億年前から 19 億年前までざっと 8 億年間続いた海洋のなかでの溶存鉄イオンの酸化の規模の大きさを思い知らされる．

　大洋中に溶存していた膨大な量の鉄イオンを酸化し尽くしたあと，ストロマトライトから放出される酸素は水中から大気中へと拡散し，次第に大気中の酸素濃度を高めることになったと思われる．事実，24 億 5000 万年前より前には陸上で古土壌や砕屑性のウラン鉱床が形成されていたという記録があるが，これらの鉱物は酸素分圧が極めて低い条件下でしか形成されない．これは，少なくとも 24 億 5000 万年前より前は大気中の酸素分圧は極めて低かったことを物語っている．つまり，このころまでに海洋中の溶存二価鉄をす

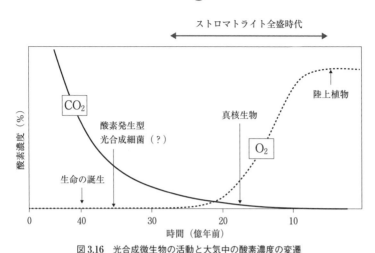

図 3.16　光合成微生物の活動と大気中の酸素濃度の変遷
https://www.ecodesign-labo.jp/ozone/ozone/07.php より引用し，改変.

べて不溶性の水酸化三価鉄として沈殿させるのに 7〜8 億年の年月
が必要だったと考えると，ストロマトライト（シアノバクテリア）
の活動が約 35 億年前から始まっていたという化石記録とも符合す
るのである（**図 3.16**）.

3.9　スノーボールアース仮説

　19 億年前以降の地層からは縞状鉄鋼層は見つかっていない．唯
一の例外として，7 億年前の地層から縞状鉄鋼層が発見されている
が，この鉱床の成因を巡っては，全球凍結（スノーボールアース）
説によって次のように説明されている．つまり，この時代海面も含
めた地表が全面凍結したため，大気中に十分に存在した酸素が海中
に供給されなくなった．また，低温のため光合成もほとんど停止状
態に陥り，海水が無酸素状態になった．そのため，陸地から供給さ

れる二価の鉄イオンが遊離状態で次第に海中に蓄積されることになった．火山活動が活発化することにより，やがて大気中に二酸化炭素が蓄積されるとその温室効果で地表が温まり，比較的短期間で氷結は解かれ，酸素が海に供給されるようになった．すると海洋中にたまった二価の鉄は酸化・沈殿し，海底に堆積することにより縞状鉄鋼層を形成したというのが，このシナリオの骨子である．

この例を除き，19億年前以降，世界中のどの地層からも縞状鉄鋼層は見つかっていない．つまり，19億年前に海水中の鉄イオンすべてが酸化されて，縞状鉄鋼層の生成が終了し，19億年前以降は海中の酸素濃度は飽和状態に保たれていたことを意味する．一方，このころから陸上で赤色砂岩が広範に堆積されるようになる．赤色砂岩は陸上の河川底に堆積した岩石であるが，大気中の酸素によって鉄成分が酸化され赤色を呈する．この岩石は20億年前より古い地層からは産出せず，19億年前以降の地層から盛んに産出されるので，19億年前以降，陸上における酸素分圧が確実に高まってきたことが明らかである．赤色砂岩のデータから，大気中の酸素分圧は，30億年前には1億分の1気圧以下であったが，20〜15億年前には100分の1気圧に達したと推定されている（Condie & Sloan, 1997）.

3.10 酸素濃度の上昇と真核生物の誕生

環境中の酸素濃度の上昇は海中では水酸化鉄の沈殿を起こし，大部分の溶存二価鉄イオンがこのようにして酸化を完了すると，やがて光合成によって生産された酸素は大気中へ拡散するようになる．陸上での酸素濃度の上昇は非常にゆっくりと進行するが，その濃度が現在の大気中酸素濃度の1%の濃度に達した22〜20億年前には，それまで嫌気的な代謝（発酵）を営んでいた 大部分の微生

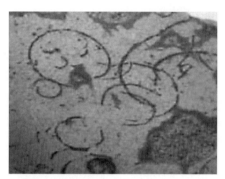

図 3.17　最古の真核生物の化石，グリパニア
https://www.michigan.gov/documents/deq/Oldest_Fossil_304663_7.pdf より引用.

物に好気的な代謝への変化を促した．このように，嫌気性微生物や
通性嫌気性微生物が嫌気呼吸から好気呼吸に切り替える酸素濃度
をパスツールポイントと呼ぶ．好気性の細菌が嫌気性の古細菌の
細胞内に共生し，真核生物が誕生する時期もちょうどこのように
酸素分圧が好気呼吸に都合が良い濃度に変わった時代だろうとい
う説（Cloud, 1968）がある．事実最古の真核生物化石として，**ハン**
（**Tsu-Ming Han**）と**ブルース・ラネガー**（**Bruce Runnegar**）によっ
て，ミシガン州にある 21 億年前の地層から細胞小器官をもった最
古の真核生物の化石**グリパニア**（*Grypania spiralis*）が見つかって
いる（**図 3.17**; Han & Runnegar, 1992）.

　これまで述べてきたように，生命の起源は 35 億年以上前にさか
のぼるだろうと言われている．最近の報告ではその記録は冥王代
（40 億年以上前）にまでさかのぼると言われている．生命の起源が
どこまでさかのぼるのかという問題はさておき，化学進化を経てこ
の地球上に生まれた生命は現代の細菌や古細菌のような原核生物
よりずっと単純なものであったに違いない．その微小な原核生物が

やがて細胞サイズを 1000 倍以上大きくし，細胞内構造を複雑化し，細胞機能も高度化して真核生物に進化したのはおおよそ 20 億年ほど前のことだろうと推定されている．原核生物から真核生物への進化，それは，地球上における生命の進化のなかでも特別に重要な出来事だった．その起爆剤になったのが，酸素濃度の上昇で，それは 30 億年ほど前から始まった酸素発生型の光合成細菌シアノバクテリアの大繁殖によって環境中の酸素濃度が上昇することが原因となって生じた．このように地球の歴史と生命の歴史は密接不可分に進行したが（**図 3.18**），その過程で生じたさまざまな現象と，それら現象の相互関係については今も熱い議論が絶えない．第 4 章ではこの点についてこれまで繰り広げられてきた論争を振り返りながら真核生物の出現にまつわる多くの興味深いシナリオを紹介してみたい．

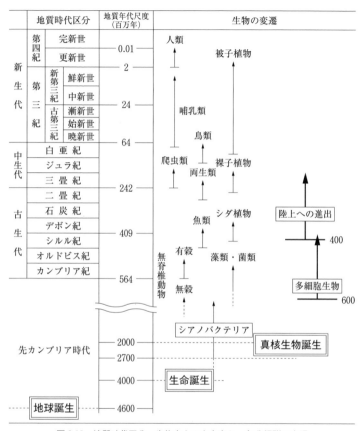

図 3.18　地質時代区分，生物史上の出来事と，各分類群の出現

真核生物への進化

　ウーズが1977年に発表した3つのドメイン説は，この地球上に繁栄している多種多様な生物は大きく分けると3つのグループ（ドメイン）に分けられることを明らかにし，その過程で用いた方法により，初めて微小な細菌や古細菌を動植物も含めた真核生物とともに進化の俎上に載せ，系統関係を論じることを可能にした．この点でウーズやその仲間の功績は生物学史のなかでもひときわ偉大なものである．その3つのドメインの系統関係を巡ってエオサイト説（のちの2ドメイン説）が，特に真核生物の由来に関して異議を唱え，長年にわたる論争を引き起こしたが，それまで原核生物と一括りにされていた微生物のなかに明らかに系統の異なる2つのグループが含まれ，そのうちの古細菌のグループがより真核生物に近いという点では大方の意見は一致を見るようになってきた．

　それでは，どのようにして真核生物は古細菌の仲間から誕生したのだろうか．真核生物が誕生した事象を英語では**ユーカリオジェネシス**（eukaryogenesis）と呼ぶ．この1つの進化の過程を巡って，

世界中の研究者が50年以上議論を繰り広げ，それぞれ研究を展開してきた．真核生物誕生という進化現象はおそらく15〜20億年も過去に起こった出来事であるため，決定的な科学的証拠を欠き，実験的な証明を拒んでいるのがその原因である．真核生物の誕生についてこれまでに発表された関連論文の数は膨大なものになるだろうが，それらの論文の多くには，冒頭に「『真核生物誕生』の問題は未解決の問題を多く含む」とか，「〜はいまだに混沌のなかにある」とか，あるいは，「〜はいまだに論争中である」といった言葉が枕詞のように付け加えられている．多くの出来事が絡み合ったこの問題は，今も答えが見えない奥の深い現象なのである．ここでは問題の原点から，絡み合った現象を一つひとつ解きほぐしていきたい．

4.1 真核生物の誕生をもたらしたメカニズム：細胞内共生
細胞小器官の起源についての2つの仮説

　真核細胞と原核細胞の顕著な違い，すなわち真核生物の細胞に葉緑体やミトコンドリアのような大型の細胞小器官（オルガネラ）が存在する点についてはどのように考えればよいのだろうか．これらの細胞小器官の起源についてはかつて2つの説があった．1つは日本の研究者中村運らが主張していた「**膜進化説**」（中村，1997）であり，他の1つはのちに紹介する進化生物学者リン・マーギュリス（Lynn Margulis）が主張することにより世界的に有名になった「**細胞内共生説**」である．中村らの説はおそらくシアノバクテリアの一種の細胞膜が細胞の内側向きに成長して複雑な内膜系をつくり，ミトコンドリアや葉緑体を形成したという説で，ミトコンドリアや葉緑体に存在するDNAは核のDNAが移行したものだと考える立場を取っていた．一時は次に述べる細胞内共生説に対峙する学説として多くの支持を得ていた．特に，ミトコンドリアや葉緑体のDNA

はこれら細胞小器官が営む代謝反応を考えると極めて小さく，不完全なもので，その多くの遺伝情報を細胞核の DNA に依存している事実は，共生説の大きな弱点であったが，膜進化説はこの点の説明に無理がなく，この説を主張する際の論拠となっていた．しかし，その後，細胞内でミトコンドリアや葉緑体のような細胞小器官から宿主細胞の核に DNA が転移するという考え（**細胞内共生的遺伝子伝播，EGT: endosymbiotic gene transfer**）が発表され（Weeden, 1981），後述するように，この考えを確証する多くの事例が報告されるようになり，現在では共生説は大方の研究者の支持を得ている．

　ミトコンドリアや葉緑体の遺伝子のもともとの由来が真正細菌であると想定するなら，現在ミトコンドリアや葉緑体の DNA に残っている遺伝子であれ，核の DNA へ移ってしまった遺伝子であれ，これらの遺伝子と同じ遺伝子を真正細菌，古細菌，真核生物の核DNA から取り出し，系統樹をつくって過去にさかのぼっていくと，これらの細胞小器官がどの真正細菌のグループから由来したかがわかるはずである．このような考え方をもとに精力的に進められた近年の分子系統解析によると，ミトコンドリアはプロテオバクテリアのグループに，葉緑体はシアノバクテリアのグループにそれぞれ由来することがはっきりしている．例えば，1970 年代には既に**デイホフ**が分子系統解析を精力的に行い，細胞内共生説を支持する証拠を得ることに成功している（Dayhoff, 1972）．

進化の駆動力としての細胞内共生

　生物の新たな環境への適応や新種の確立に見られる「進化」をもたらすメカニズムとして，長い間突然変異が唯一のメカニズムとして考えられてきた．つまり，ある生物に生じた新しい変化は親から子への垂直的な伝播を通じて次世代に受け継がれていくという考え

方である．このような考え方があるからこそ，ある種と他の種の関係を系統樹のような形で理解できるのである．しかし，はたして突然変異が進化の唯一のメカニズムなのだろうか．今日，多くの研究者は突然変異以外のメカニズムも進化の駆動力の一つに加えなくてはならないと考えている．マーギュリスは2つ以上の生物が共生を介して統合されることも生命の歴史のなかの主たる出来事の一つに含めるべきだと主張した．

細胞内共生説 前史

　ミトコンドリアや葉緑体が原核生物の細菌とほぼ同じサイズであることや，それらを内包する細胞自身とは独立して増殖するという観察事実から，19世紀には既にこれらの細胞小器官が外来の原核生物起源の共生体であるという細胞内共生説の提唱者がいた．記録に残っている最初の提唱者はドイツ人植物学者**アンドレアス・シンパー**（Andreas Schimper）で，植物の葉緑体の分裂が自由生活性のシアノバクテリアの分裂に極めてよく似ていることを観察し，1883年に出版した著書で葉緑体は細胞内共生によって誕生した器官で，緑色植物は2つの生物の共生的な結合により生まれたという考えを提案した．さらに，ドイツの**リヒャルト・アルトマン**（Richard Altmann）も19世紀末に，ミトコンドリアが細菌のように細胞とは独立して増殖することを観察し，ミトコンドリア独自のDNAを想定している．

　20世紀の初頭には地衣共生を研究していたロシアの植物学者**コンスタンチン・メレシコフスキー**（Konstantin S. Mereschkowski）が「大型でより複雑な細胞は，より単純な複数の細胞の共生から進化した」という細胞内共生説を発表しているし，アメリカの生物学者で「ミトコンドリアマン」のニックネームをもっていた**イヴァ**

ン・ウォリン（Ivan E. Wallin）もミトコンドリアの細胞内共生起源説を公にしている[1]．しかし，その後長い間，細胞内共生説は異端の説として学会ではまともに取り上げられず，すっかり影を潜め，議論の舞台から姿を消していた．

次に，この説を復活させたのはウィスコンシン大学の**ハンス・リス**（Hans Ris）と**ウォルター・プラウト**（Walter Plaut）で，彼らは 1962 年の論文（Ris & Plaut, 1962）で緑藻クラミドモナスの葉緑体を電子顕微鏡で精査するとともに，顕微染色法を駆使して，葉緑体自体に DNA が存在することを明らかにし，この葉緑体が細胞内共生者起源であることを示して，細胞内共生説を復活させた．翌 1963 年は細胞内共生説にとって記念すべき年で，**ルース・セージャー**（Ruth Sager）と**石田政弘**がクラミドモナスの葉緑体から DNA を抽出することに成功し，これが核の DNA とは異なることを示した（Sager & Ishida, 1963）．また，ナス夫妻（**マーギット・ナス**と**シルバン・ナス**（Margit Nass & Sylvan Nass））の手によってミトコンドリアのなかに DNA が発見されたのもこの年のことである（Nass & Nass, 1963）．一方，3 つの属の海藻を用いてトリチウムでラベルしたチミヂンの DNA への取り込みを調べたデール・ステファンセン（Dale Steffensen）とウィリアム・シェリダン（William Sheridan）は形態観察などの結果も併せて，葉緑体の自己増殖性や半独立性を明らかにした（Steffensen & Sheridan, 1965）．

細胞小器官に DNA を見いだした研究者たちは，19 世紀の末から 20 世紀の初頭に，過去に提案されたものの，学会から批判され無視された細胞内共生説を改めて証明しようとしたに違いない．ミ

---

[1] ウォリンは 1927 年にミトコンドリアが細胞外でもバクテリアのように分裂すると主張したが，これはもちろん事実誤認であった．

トコンドリアや葉緑体がそれら自身の DNA をもっているという事実は，頑迷な学会を説得するに十分な証拠になると考えただろう．しかし，彼らにこの説を主張することを躊躇させた難問があった．それは，ミトコンドリアや葉緑体で営まれる数多くの代謝を考えると，これら細胞小器官に含まれる DNA 量が小さすぎるように見える事実である（**表 4.1**）．例えば，クラミドモナスの葉緑体から DNA を抽出したセージャーと石田の場合，その DNA 量は細胞全体の DNA 量の 3% にしか過ぎなかった．その後，1981 年にはヒトのミトコンドリア DNA の全塩基配列が解読されたが，そのサイズは 16,569 塩基対しかなく[2]，それらがエンコードしている遺伝子も，12S と 16S の rRNA 遺伝子，22 種類の tRNA 遺伝子，13 種類の電子伝達系タンパク質遺伝子の合計 37 個の遺伝子だけであった．このサイズのゲノムではヒトのミトコンドリアに必要な全タンパク質をカバーすることはとても無理である．ファーミキューテス門の真正細菌，マイコプラズマはそのゲノムサイズが極めて小さいことで有名だが，それでも 55 万～140 万塩基対はある．つまり，ヒトのミトコンドリアのゲノムサイズはそんなマイコプラズマゲノムの 33 分の 1 から 85 分の 1 しかないことになる．これでは，とうてい独立した生物（細菌）として生活ができていたとは考えられない．このような批判の前に，細胞内共生説の登場は足踏みを重ねていた．

リン・マーギュリスの「連続細胞内共生説」

　このような閉塞状況にあえて挑戦したのが**マーギュリス**であった．彼女にとっては，共生説に関する最初の論文を書くのに機は熟

---

[2] ミトコンドリアのゲノムサイズは葉緑体の場合に比べて変化に富み，動物細胞では 15～16 kbp，酵母で 60～80 kbp，植物では 200～2400 kbp と大きくなる．一方，葉緑体のゲノムサイズは 120～190 kbp と変異の幅は小さい．

表 4.1　さまざまな種の葉緑体とミトコンドリア，ならびに関連微生物のゲノムサイズ

学　名	和　名	ゲノムの長さ（kbp）	タンパク質をコードしている遺伝子数
Algae の葉緑体			
Porphyra purpurea	紅藻類アマノリ属	191	200
Cyanidium caldarium	紅藻類イデユコゴメ属	165	197
Guillardia theta	クリプト藻ギラルデイア属	122	148
Cyanophora paradoxa	灰色藻類シアノフォラ属	136	136
Odontella sinensis	珪藻類オドンテラ属	120	124
Euglena gracilis	ミドリムシ（二次共生葉緑体）	143	58
Chlorella vulgaris	緑藻類クロレラ	151	78
陸上植物の葉緑体			
Marchantia polymorpha	ゼニゴケ	121	84
Nicotiana tabacum	タバコ	156	76
Oryza sativa	イネ	134	76
Zea mays	トウモロコシ	140	76
Pinus thunbergii	クロマツ	120	69
光合成能を失った植物の葉緑体			
Toxoplasma gondii	アピコンプレックス門トキソプラズマ	35	26
Eimeria tenella	アピコンプレックス門アイメリア属	35	28
Epifagus virginiana	オロバンキ科寄生植物	70	21
シアノバクテリア			
Synechocystis sp.	シネコキステイス属	3573	3168
Prochlorococcus marinus	プロクロロコッカス属	1660	1884
Nostoc PCC7120	ノストック属 PCC7120 株	6413	5368
Nostoc punctiforme	ノストック属	~9000	~7400
植物と藻類のミトコンドリア			
Pylaiella littoralis	褐藻類ピライエラ属	59	52
Marchantia polymorpha	ゼニゴケ類ゼニゴケ属	187	41
Laminaria digitata	褐藻類コンブ属	38	39
Cyanidioschyzon merolae	紅藻類シアニデイオシゾン属	32	34
Arabidopsis thaliana	シロイヌナズナ	367	31
Chondrus crispus	紅藻類ヤハズツノマタ	26	25
Scenedesmus obliquus	緑藻類イカダモ	43	20
原生生物と菌類のミトコンドリア			
Reclinomonas americana	エキスカバータレクリノモナス属	69	67
Malawimonas jakobiformis	ロイコゾア門マラウィノモナス属	47	49
Naegleria gruberi	ヘテロロボサ門ネグレリア属	50	46
Rhodomonas salina	クリプト藻類ロドモナス属	48	44
Dictyostelium discoideum	アメーボゾア門キイロタマホコリカビ	56	40
Phytophthora infestans	SAR フィトフトラ属	38	40
Acanthamoeba castellanii	アメーボゾア界アカントアメーバ	42	36
Cafeteria roenbergensis	SAR カフェテリア属	43	34
Monosiga brevicollis	コアノゾア綱 襟鞭毛虫	77	32
Physarum polycephalum	変形菌モジホコリ属	63	20
Harpochytrium sp.	黄緑藻類ハルポキトリウム属	24	14
Candida albicans	子嚢菌類カンジダ属	40	13
Cryptococcus neoformans	担子菌門シロキクラゲ目の菌類	25	12
Plasmodium falciparum	SAR マラリア原虫	6	3
嫌気性ミトコンドリア			
ハイドロゲノソーム		0	0
α プロテオバクテリア			
Caulobacter crescentus	カウロバクター属	4017	3767
Mesorhizobium loti	ミヤコグサ根粒菌	7596	7281
Bradyrhizobium japonicum	ダイズ根粒菌	~9100	~8300
酵母			
核ゲノム		13469	6327

Timmis *et al.*（2004）より引用し，改変.

していたというべきだろう．論文執筆にあたり，そのころまでに発表されていたロシアのメレシコフスキーやアメリカのウォリンの学説を参考にし，また他の多くの研究報告を参考にしていたのは当然だが，何よりも彼女に論文執筆を決意させたのは，自身のミドリムシや鞭毛虫の研究を通じて得た観察経験であったと思われる．多くの先人の研究報告から得た知識と，自らの観察経験にもとづき，マーギュリスは「真核生物細胞のミトコンドリアや葉緑体はそれぞれ，大型の宿主細胞の細胞内に共生した好気性細菌とシアノバクテリアに由来する」という考えに到達し，真核生物の起源を統一的に説明する仮説，いわゆる「連続細胞内共生説」を構築した．1967年に On the origin of mitosing cells（有糸分裂をする細胞（真核細胞）の起源）という 50 ページ近い大論文を発表して生物学界に旋風を巻き起こしたとき，彼女はまだ弱冠 29 歳であった．

　しかし，彼女の仮説は当時生物学の主流であった古生物学や動物学の定説とは相いれないものであった．例えば，彼女の考えの基本である「共生説」そのものが生物学の主流からは退けられていた．そのため，彼女の大論文は長い間どの雑誌からも掲載を拒否されたという有名な話がある．その論文が知人の口添えでようやくある雑誌に掲載されると，一転して彼女と彼女の仮説は人々の話題の中心になる．

　しかし，彼女の「共生説」には確たる実験的証拠はなく，化石などによる客観的証拠が得られるものでもなかったので，その後も耐えざる批判にさらされたが，彼女はひるむことなく自説を主張し続け，1970 年には *Origin of Eukaryotic Cells*（真核細胞の起源）という著書を上梓して自らの考えを世に問うた（Margulis, 1970）．彼女が主張した学説の骨子は，自由生活をしていた原核生物がホスト細胞に取り込まれ，相互依存的で協同的な関係を数百万年にわた

って繰り返すうちに，好気呼吸を行うミトコンドリアや，光合成を行うプラスチド（色素体，葉緑体はその一部），鞭毛の$(9+2)$基底体という3つの細胞小器官になり，ホスト細胞が真核生物に進化したというものだった．このように，マーギュリスは当時の学会ではほとんど見向きもされなかった「真核生物の起源」という問題に取り組み，真核生物の誕生メカニズムとして，自由生活をしていた原核生物が次々にホスト細胞に取り込まれ，細胞小器官（オルガネラ）になったという「連続細胞内共生説」を提唱したのだった．

　しかし，ここで提唱された仮説には，次のような誤りが含まれていることが指摘されている．まず，ミトコンドリアとプラスチドの起源が自由生活性の真正細菌だということは多くの研究によって確認されたが，鞭毛の基底体の起源に関しては，ほぼ否定されている．次に，細胞小器官のうちプラスチドが先に現れ，ミトコンドリアが遅れて成立したという見解も現在はその順序が逆であると考えられている．マーギュリスの考えのなかにはプラスチドが真核細胞のなかで盛んに酸素発生型の光合成を営むことにより大気中の酸素濃度が上がり，そのことにより嫌気的な環境に適応していた細菌が酸素濃度の上がった環境に適応するため好気的な細菌を取り込み，これをミトコンドリアにした，というシナリオがあったのだろう．その後の研究で，真核生物（の祖先古細菌）によるαプロテオバクテリアの取り込みの方がずっと早期の事象で，遅れてプラスチドができたことが明らかになっている．また，マーギュリスは葉緑体やミトコンドリアの他に，鞭毛も細胞表面に共生したグラム陰性細菌，スピロヘータに由来し，中心体もそこから生じた共生起源の細胞小器官と考えたが，これらの点については大方の見方は否定的である．本書のテーマと直接関係のない（また，彼女の論文の主たるアピール点である）有糸分裂の起源については触れないが，これま

で彼女を有名にしてきた「細胞内共生説」に限っても，上述のように
にその論文の価値を疑わせるような誤りが含まれていることは今や
周知の事実である．それにもかかわらず現在も彼女の功績が認めら
れるのは，真核生物の誕生という現象の重要性を人々に知らしめた
こと，さらにその具体的プロセスとして，誤りを含むものではあっ
たが，細胞内共生というメカニズムを提唱し，研究者に具体的な研
究目標と方針を提示したことが挙げられるだろう．

細胞内共生的遺伝子伝播の発見

　ミトコンドリアや葉緑体のような細胞小器官の起源を細胞内共生
に求めるマーギュリスの仮説にクレームをつける人たちが常にその
理由にするのは，ミトコンドリアや葉緑体が独自にもっているゲノ
ムの大きさが，系統的に近いとされる自由生活性の真正細菌のそれ
に比べて著しく小さいことだった（表 4.1）．

　つまり，そのゲノムに含まれる遺伝子情報だけではミトコンド
リアも葉緑体もその機能が果たせないという点が批判者の論拠だ
った．しかし，この批判は 1982 年にトウモロコシのミトコンドリ
アゲノムに葉緑体 DNA の断片が見つかったことによって完全に批
判の論拠を失ったと言える．つまり，DNA が細胞内で移動するこ
とが初めて確認され，続けて核内の DNA にミトコンドリアや葉緑
体の配列が発見されるに及び，細胞内の各小器官（核やミトコンド
リア，葉緑体）の間で遺伝子の移動が起こりうることが証明された
のだ．その後，酵母やホウレンソウでも核 DNA 内にミトコンドリ
アや葉緑体由来のゲノムが発見され，1994 年には飼い猫の核ゲノ
ムからミトコンドリア DNA の完全なコピーが発見された．さらに
2000 年代になるとバッタやエビ，マーモセット科のサルなどでも
核ゲノムのなかにミトコンドリア由来の DNA が見つかったという

報告が続いた．このような細胞内共生により誕生した細胞内小器官から核の DNA に遺伝子が移動することを**細胞内共生的遺伝子伝播**と呼ぶが，このような現象が普通に起こっているなら，現在のミトコンドリアや葉緑体の遺伝子が非常に少なくても，納得できる．やはり，これらの細胞小器官は元来は自由生活をしていた真正細菌がホスト細胞に取り込まれたものだと考えて間違いなさそうである．

細胞内共生説の証拠

細胞内共生説に従ってミトコンドリアや葉緑体を見てみると，実に多くの点でこれら細胞小器官が原核生物である細菌によく似ていることがわかる．いささか冗長にはなるが，ここでは，論拠となった事実を列挙することにより，なぜこの説が現在広く定説として研究者の間で受け入れられるようになったかを示してみよう．

(1) ミトコンドリアも葉緑体もそれまで存在していたミトコンドリアと葉緑体からのみ生まれるのであって，ミトコンドリアや葉緑体を欠く細胞からは決してこれらの細胞小器官は生まれない．なぜなら，細胞核の遺伝子だけではこれらの細胞小器官はつくれないからだ．

(2) ミトコンドリアも葉緑体もそれら自身のゲノムをもっている．そのゲノムは 1 本の環状の DNA で，その DNA にはヒストンが結合していない．これらの特徴から，両細胞小器官のゲノムは真核細胞の核のゲノムより，細菌のゲノムに似ている．

(3) 両細胞小器官ともそれら自身のタンパク合成系をもっているが，それらは真核細胞のタンパク合成系より細菌のタンパク合成系にずっとよく似ている．

(4) ミトコンドリアは内膜と外膜の 2 枚の膜に包まれているが，そ

のうち外膜には真核細胞の細胞膜に固有のリン脂質であるホスファチジルイノシトールが含まれており，内膜には細菌の細胞膜に固有のリン脂質であるカルジオリピンが含まれている．つまり，外膜は真核細胞的で，内膜は原核細胞的である．これは，葉緑体やミトコンドリアの祖先であった原核細胞が大型の真核細胞の膜系に取り込まれ細胞内に共生したあとも，原核細胞の細胞膜が内膜として，取り囲んだ真核細胞の膜系が外膜として残ったと考えればうまく説明がつく．以前は葉緑体についても同じ説明がされていたが，最近，葉緑体の2重膜は2枚の膜のどちらも，取り込まれたシアノバクテリアの細胞膜に由来することが明らかになった．この場合，宿主側の食包膜は退化消失したと考えられる．

(5) ミトコンドリアも葉緑体も分裂をするが，その様式は細菌の分裂様式に極めてよく似ている．例えば，細菌細胞において，将来の分裂部分にリング状に集積し，その後の分裂に関与する原核生物に固有の**タンパク質 FtsZ** がこれら2つの細胞小器官の分裂時にも同じように関与することがわかっている（**図 4.1**）．

4.2 真核生物の特徴：複雑な細胞構造

　今日多くの研究者は，真核生物は原核生物から誕生したと考えている．なぜなら，真核生物は原核生物と次のような重要な共通点をもつからである．

(1) 遺伝情報物質として RNA と DNA を使っている．
(2) 同じ20種類のアミノ酸を使ってタンパク質をつくっている．
(3) 2層の脂質からなる細胞膜をもっている．
(4) アミノ酸としては L 型を，糖類は D 型を使っている．

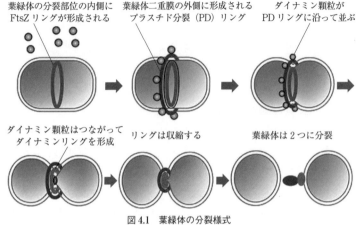

葉緑体の分裂部位の内側に　葉緑体二重膜の外側に形成される　　ダイナミン顆粒が
FtsZ リングが形成される　　プラスチド分裂（PD）リング　　PD リングに沿って並ぶ

ダイナミン顆粒はつながって　リングは収縮する　　　　葉緑体は 2 つに分裂
ダイナミンリングを形成

図 4.1　葉緑体の分裂様式

https://www.riken.jp/en/news_pubs/research_news/rr/5722/より引用し，改変. →
口絵 11

(5) エネルギー通貨として ATP を使っている.

　長い生物の進化の歴史のなかで，真核生物はたった一度だけ原核
生物から誕生したと考えられている. つまり，すべての真核生物は
同じ祖先から生まれた（単系統）と考えられているのだ. そのよう
に考えられる根拠として，すべての真核生物が次のような特徴を共
有することが挙げられる.

(1) チューブリンタンパク質でできた微小管や，**アクチンフィラメ
　　ント**，中間径フィラメントといった構成要素からなる**細胞骨格**
　　により細胞構造を維持し，細胞内物質伝播を行っている.
(2) 鞭毛か繊毛をもっている.
(3) タンパク質ヒストンと絡み合った DNA が染色体を形づくって
　　いる.

(4) 膜に包まれた細胞小器官が存在する.

　現在自然界で見られる真核生物の細胞は原核生物のそれと比べ
てはるかに大きい. 体積にしてざっと千倍ほどあると考えてよい.
それだけではなく, 細胞内の構造がはるかに複雑で, さまざまな細
胞小器官で満たされている. 例えば, 細胞内部には遺伝情報の担体
である DNA を核膜によって細胞質から隔離している, 核という細
胞小器官がある. 「核をもたない原核細胞と核をもつ真核細胞の違
いは今日の地球上に認められる唯一最大の進化的不連続である (宮
田隆 訳)」と, シャトンが指摘したように (Chatton, 1937), 核の
存在は真核生物のその後の飛躍的な進化には必要不可欠で, 「真核」
生物を際立たせる特徴である. また, 原核生物の細胞に比べてはる
かに広い細胞内空間で代謝が繰り広げられるため, 小胞体やゴルジ
体などの内膜系を発達させ, タンパク質や脂質などの代謝, プロセ
シング, 輸送などの過程をスムーズに進める必要があった.

　さらに真核細胞を特徴づけているのはミトコンドリアや葉緑体と
いう大きな細胞小器官で, それらの起源や機能を巡っては真核生物
の誕生そのものに関係するので, 詳しい検討が必要だろう.

　それでは, 真核細胞と原核細胞を分ける3つの大きな違いについ
て順次検討してみよう. まずは, その決定的な細胞サイズの違いで
あり, 次に核の存在についてであり, そしてミトコンドリア, 葉緑
体といった大きな細胞小器官が存在するか否かという違いである.

細胞サイズの巨大化

　まず, 第一の点, すなわち細胞の大きさの違いについては対立す
る2つの説がある. 一方の説では, 真核細胞が原核細胞に比べて桁
違いに大きくなったのは, 細胞内共生によってミトコンドリアを得

たことが契機となり，細胞の大型化が可能になったと考える（ミトコンドリア前成説）．いわば，細胞の大型化は細胞内共生の結果であると考える説である．

これと全く逆の立場をとるのが，**クリスチャン・ルネ・ド・デューブ**（Christian René de Duve）らで，彼らは細胞が大型化することにより，細胞内共生が可能になったと考える．それでは，なぜ20億年前の地球で細菌は細胞を大きくしなくてはならなかったのだろう．この点について，ド・デューブは，「真核生物の祖先となった細菌が利用していた有機物の量が，彼らが生存していた場所で著しく減少したため，効率よく有機物を細胞内に取り込む必要が生じ，細胞壁を失うように進化したのではないか」と推測している．

このように，原核細胞には頑丈な細胞壁があるのに対して，真核細胞には普通，細胞壁はなく，形を自由に変えられる．しかし，そのことにより，同時に細胞の形態を他の何らかの方法で維持し，細胞表面を強固なものにする必要に迫られることになった．真核細胞はそのため主に3つの分子からなる細胞骨格を発達させた．1つ目は**アクチンフィラメント**で，アクチンは化学作用を機械的な運動に変換することができる．この分子は細胞に働く張力に対して抵抗力を与えて細胞を守るとともに，膜の小胞化と融合によって細胞外の物質を細胞内へ取り込むエンドサイトーシスや細胞内で合成された物質を細胞外へ排出するエキソサイトーシスを担う．このような能力の獲得により，真核生物はやがて細胞外から他の細菌を取り込み，それを細胞小器官とするようになったのだろう．真核細胞の維持・強化の2つ目の分子は**微小管**（マイクロチューブル）で，細胞にかかる圧力や剪断作用に抵抗力を与える．同時に微小管は細胞内を滑走して移動する物質のためのレールとして機能する．なお，ここでは説明を省略するが，3つ目の分子は中間径フィラメントである．

　こうして細胞壁を失った細菌は，細胞壁の制約から開放され，細胞を大きくすることが可能になった．さらに，細胞壁がなくなったため，露出した細胞膜は効率よく有機物を摂取するためにひだ折れして表面積を増やし，その上，ひだ状の膜を使って，外界の物質や他の細菌を取り囲んで細胞内に取り込む機能（**エンドサイトーシス**）を発達させたと考えられる．

　あるいは，当時の環境中酸素濃度の変化をきっかけとして，また新たに手に入れたエンドサイトーシス能力を発揮して好気呼吸細菌を取り込み，その結果，効率の良い呼吸システム（ミトコンドリア）を手に入れた真核細胞はその高エネルギーシステムを利用して細胞サイズを大きくした可能性もある．この点については本節の後半で触れることにする．

　以上のシナリオはド・デューブの描いたシナリオでもあるが，ド・デューブの考えの背景には現在の白血球が細菌を捉える様子がモデルとしてあったようで，真核細胞の祖先は捕食性（従属栄養）の食細胞へと進化していったというのがド・デューブが唱えた説の骨子である．

　このような細胞壁消失に始まり，エンドサイトーシスの発達，貪食能の獲得，捕食細胞化へとつながったという仮説は，近年メタゲノム解析により，真核生物の直接の祖先である古細菌が既にこのような能力を備えていたことが次第に明らかになるに従って，信憑性を高めつつある．

核の形成

　次に，真核生物の最も明確な特徴は，遺伝情報物質 DNA を核のなかに隔離，内蔵している点である．核は内膜と外膜の二重の膜から構成され，多くの穴（**核膜孔**）によって細胞質と核内の連絡が取

138

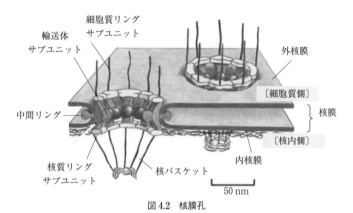

図4.2　核膜孔

https://www.chem-station.com/blog/2014/11/moleculettravelcell3.html　より引用し，改変.

れるようになっている（**図 4.2**）.

　核がどのように形成されたかについては，いくつもの仮説が提出されており，必ずしも統一された定説があるわけではないが，いくつかの仮説を紹介しよう. 20世紀末ごろには核の起源に関する諸説は 2 つに大別されていた.

　すなわち，核（ゲノム）を他から隔離するためにゆっくりと核膜が形成されたとする**カリオジェニック説**（Karyogenic Hypothesis）と，他の二重の膜に包まれた細胞小器官（ミトコンドリアと葉緑体）同様，核も貪食によって外部から取り込まれた他の微生物に由来するという**エンドカリオティック説**（Endokaryotic Hypothesis）である（**図 4.3**）.

真核生物と原核生物の DNA の存在様式

　核の誕生に関する諸説を検討する前に，そもそも現代の真核生物とバクテリアや古細菌のような原核生物では遺伝情報の担体 DNA

(a) カリオジェニック説

核

原始的真核細胞

(b) エンドカリオティック説

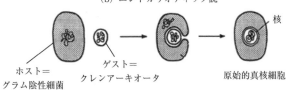

核

ホスト＝
グラム陰性細菌

ゲスト＝
クレンアーキオータ

原始的真核細胞

図 4.3　核の起源に関する 2 つの説
Lake & Rivera (1994) より引用し，改変.

の存在様式はどのように違うのだろう．真核生物の DNA は線状で
両端があるのに対して，原核生物の DNA は環状で端がない．真核
生物の長い DNA のひもはタンパク質ヒストンに巻きついた**ヌクレ
オソーム構造**を単位とする凝集構造をとっているが，原核生物バク
テリア細胞の DNA の場合はヒストンをもたず，代わりにさまざま
なタンパク質と結合して**核様体**と呼ばれる折りたたみ構造を形成
し，細胞膜や種々のタンパク質と結合して細胞質の一部分に局在し
ている．また，古細菌の場合はヒストンに似たタンパク質をもって
いて，これを使ってヌクレオソーム様の構造をとっているものも知
られている．例えば，超好熱古細菌（*Aeropyrum pernix*）の場合
は，Alba2 というタンパク質をもっていて，このタンパク質が中空
のパイプ構造を形成し，このパイプのなかに DNA を収納して保護
していることが知られている．このように，バクテリアも古細菌も
環状の DNA を折りたたんだまま細胞質に直接触れる状態で存在し

ているが，真核生物の場合は高度に凝集した形で核の内部に閉じ込められた状態で存在する．古細菌から進化したとされる真核生物は一体なぜ，いつ，どのようにして核を形成したのだろうか．核の起源に関するいくつかの仮説を次に紹介してみよう．

「核」形成に関するさまざまなシナリオ

(1) 自 生 説

核の起源に関してはさまざまな仮説があるが，そのうちの一つの説は上にも述べた**自生説**(autogenous hypothesis)である．これは，真核生物の内膜系と核が自然に形成され，その後ミトコンドリアの細胞内共生が起こったとする説で，上述のド・デューブも核の誕生については，「細胞膜のひだのうち，細胞内部に折れ込んだ部分は複雑な**内膜系**を発達させ，さらに DNA を取り囲んだその一部は核を形成した」と述べているが，彼の考えもこの自生説のなかに入れてよいだろう．また，その後も**フォード・ドゥーリトル**(Ford Doolittle)や，**ウィリアム・マーティン**(William Martin)と**ティース・エッテマ**(Thijs Ettema)など，この分野のリーダー的研究者のなかにもこの説を支持する意見が見られる．

自生説のなかで少し異端の説を 1 つ紹介しておこう．それは，**プランクトマイセス門**(Planctomycetes)の細菌が真核生物の祖先だという興味深い説である (Fuerst, 2005)．プランクトマイセス門はグラム陰性細菌の小さな門で，いくつかの水生従属栄養細菌を含む．この門の典型的な属のプランクトマイセス (Planctomyces)は「(水中で) 浮遊する菌」を意味するギリシャ語を学名にもつ．原核生物のなかでは最も複雑な構造と生活環をもつグループの一つである．形状は大まかに卵形であるが，柄をもつなど変わったところがあり，出芽によって増殖する点でも特異的である．細胞壁は通常の

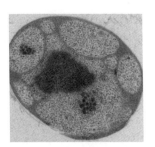

図 4.4 *Gemmata obscuriglobus*

細菌と異なり、ペプチドグリカンを含まず[3]、糖タンパク質より構成される。また、細胞内に核膜のような構造を形成することでも知られている。

原核生物においてこの構造は、プランクトマイセスの仲間と、古細菌である *Ignicoccus* にしか発見されていない。プランクトマイセス門に属する *Gemmata obscuriglobus*（**図 4.4**）などでは内膜系の発達が特に顕著で、細胞構造は細胞壁、細胞膜、paryphoplasm、内細胞膜、リボプラズマ、核様態などに高度に分画されている。そして、二重の膜で囲まれた部分に核顆粒や核様体を含んでいる。この形がそのまま核に移行したというのが、この説の主旨である。また、この細菌ではエンドサイトーシスに似たタンパク質の取り込み機構が報告されている。これまでに知られている種はほとんどが好気性の従属栄養生物であるが、嫌気的アンモニア酸化反応（anammox）を行う系統も存在する。近年では水系だけでなく、土壌などからもプランクトマイセス門の 16S rRNA 配列が見つかっている。この説は一時支持を失ったように見えたが、この細菌がファ

---

[3] 最近になってプランクトマイセス門細菌の細胞壁にもペプチドグリカンが存在することが確認された。

ゴサイトーシス能や内膜系形成能力をもつ点を重視して，近年発見が相次いだアスガルド古細菌をホスト細胞として組み込んだ調和説とでも呼べる新説が提唱されている (Devos, 2021).

(2) ミトコンドリア先行説（核後生説）

2つ目の仮説は**α プロテオバクテリア**が宿主細胞の古細菌に細胞内共生し，やがてミトコンドリアになる過程で真核生物の細胞が複雑になり，核もこの過程で形成されたというもので，**ミトコンドリア先行説** (mito-early hypothesis) あるいは，ミトコンドリア原因説とでも言うべき仮説である．もちろん，ミトコンドリアの形成が核の形成に先行しているという意味である．ミトコンドリア先行説のなかにはいくつか重要な説があるが，ここではそのなかから特に重要と思われる3つの説を紹介しよう．

(a) 連続細胞内共生説（ATP 説）

マーギュリスが考えた「**連続細胞内共生説**」もこのようなミトコンドリア先行説の考えにもとづき，ミトコンドリアの成立に続いて核の形成を考えていたようだ（**図 4.5**）．彼女の説は特に「ATP 説」と呼ばれるが，この説では好気的な真正細菌の一種が古細菌の一種に細胞内共生したと想定している．この点では次に述べる水素説と同じである．ただし，ATP 説ではミトコンドリアの祖先種として好気性の従属栄養型真正細菌を想定しており，酸素を利用して有機物を燃焼して生じる化学エネルギーを ATP へ変換して，その一部を宿主の古細菌に提供するとしている．そして，宿主の古細菌は嫌気的で共生によって初めて効率的にエネルギーを獲得できるようになったと考える（図 4.5）．そうして得たエネルギーを用いて宿主は有機物の代謝を行うが，その過程で生じるピルビン酸をミトコンド

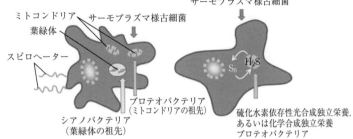

（a）連続細胞内共生説
(Margulis, 1970; Margulis, 2000)

（b）細胞内共生説
(Searcy, 1992)

図 4.5　2 つの細胞内共生説

Lopez-Garcia (2015) より引用し，改変.

リアに与え，さらに ATP の生産を促すことになる．この説は，現在の真核生物における核とミトコンドリアの関係と同様の，ATP を絆にする相互関係なので，その意味では現実的で無理のない仮説のように思われる．

　しかし，マーギュリスが想定したこのような仮説にも問題がないわけではない．まず，なぜ共生を始めたのかが合理的に説明されていない．また，嫌気的な古細菌と好気的な細菌とが一体どのような場で共存し，細胞内共生にまでたどり着けたのかという素朴な疑問も提示されている．さらに根本的な疑義としては，宿主細胞内に取り込まれた好気性の細菌にとって，自分が必要とする以上にエネルギーを合成し，それを宿主のために細胞外へ排出しなくてはならないこの関係は，彼らにとって何の役にも立たないように見える．このような共生にいったいどのような選択的意義があるのかという問いかけだ．しかし，この点についてはミトコンドリアになった細菌にとっても安定的に宿主細胞から炭素源（ピルビン酸）を供給して

もらえるという利益があったはずだ．その意味で**ミトコンドリアには寄生的な一面がある**と言えるかもしれない．そして，彼らがこの共生関係で得た利益は莫大なものかもしれない．なぜなら，現在のほとんどの真核生物の細胞内には多数のミトコンドリアが存在する．いわば，好気性細菌はその子孫をほぼすべての真核生物細胞内に生息させることに成功した地球上で最大の個体数を誇る細菌であるとも言える．

(b) 水 素 説

　ミトコンドリア先行説のもう一つの例としては**水素説**（Martin & Müller, 1998）を挙げることができる．この説は，ミトコンドリアの祖先となる従属栄養性で通性嫌気性の（好気的条件では酸化的リン酸化，嫌気的条件では発酵によって生活する）αプロテオバクテリアが排出する水素を化学独立栄養のメタン菌（古細菌）が利用し，メタン菌が排出するピルビン酸をαプロテオバクテリアが利用するという相互依存関係が進化することにより真核生物が誕生したという仮説（**図 4.6a**）である．最初，両者は互いに独立した細胞として隣接して生活しているうちに，互いの排出物を相互利用するようになり，やがて，一方が他方に取り込まれ，細胞内共生が始まったとする説である．この説の場合，共生の結果誕生した真核細胞の遺伝子はメタン菌とαプロテオバクテリアの両者に由来すると考える．

　しかし，この説にも問題がある．この説で宿主に想定した古細菌はメタン菌であるが，メタン菌は古細菌のなかではユーリアーキオータに属す．ところが転写・翻訳系に関与する遺伝子から推定された真核生物に最も近縁な古細菌は，ユーリアーキオータのグループではなく，クレンアーキオータのグループに属すことが示されて

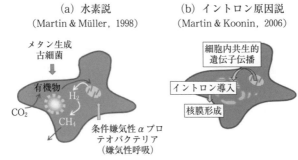

図 4.6　水素説とイントロン原因説
Lopez-Garcia (2015) より引用し，改変.

いるのだ.

(c) イントロン原因説

　最近，ミトコンドリア先行説を提唱する研究者のなかには，ミトコンドリアとともに真核細胞の DNA に持ち込まれたイントロンの塩基配列との関係で核の誕生を説明しようとする人たちがいる. 例えば**マーティン**と**ユージーン・クーニン** (Eugene Koonin) は，DNA から mRNA への転写，さらにそれに続きゆっくり進行する mRNA のスプライシングのプロセスと，リボソーム上で迅速に進行する翻訳プロセスのタイミングを調整するため，核と細胞質の区画化が必要となり核膜が誕生したという核膜起源説を提唱している (図 4.6b; Martin & Koonin, 2006). この説の論拠としては，ミトコンドリアの誕生後（細胞内共生のあと），イントロンが急速に宿主細胞のゲノム内に広がったという事実がある. このメカニズムについて高知工科大学の**大濱武**は次のように具体的なシナリオを想定している.

　　初期の真核細胞の進化途上で，ミトコンドリアから核ゲノムに転移した**グループ II イントロン**（核型イントロン）は，イントロンの切り出しに必須な RNA 部分や内在酵素を自分自身から切り離して，**スプライソゾーム**という別の装置に仕立てあげた．もとのグループ II イントロンは特定部位にしか侵入できなかったが，核型イントロンとスプライソゾームの組み合わせなら，ゲノムのどこにでも自由に侵入できるので，一気にゲノム中に広がったに違いない（大濱武, 2000）.

　このシナリオを理解するためには**スプライシング**について少し説明が必要だろう．まず，イントロンとはゲノム上の遺伝子領域にあり，そのうちでタンパク質をコードしているエキソンに対して，タンパク質をコードしない介在領域のことである．この不要部分を核内で切り離して残りのエキソン部分を再度つなぎ合わせ，さらに，残りの mRNA の 5' 末端へメチル化されたグアノシン（キャップ）を付加し，尾部に，多数のアデニル酸を数珠状に（ポリ A 尾部）付加することにより**成熟 mRNA** が完成する．このような一連の分子的な編集作業をスプライシングという．こうしてできた成熟 mRNA が核から核膜孔を通じて細胞質に出て行き，リボソームにアミノ酸の配列情報を運ぶ．このようにイントロン部分は成熟 mRNA には含まれない．

　かつてイントロンは真核生物にしか存在しないと考えられていたが，細菌にも存在することが明らかになっており，イントロン内部に制限酵素の遺伝子をもつものをグループ I イントロン，逆転写酵素の遺伝子をもつものをグループ II イントロンと呼ぶ．ここで，真核生物に見いだされる核型イントロンとグループ II イントロンには多くの共通点があり，前者は後者が変化したものと考えられている.

(3) ミトコンドリア後生説（核先行説）

　核の起源に関する3つ目の仮説は，まず古細菌から核を備えた原始真核生物が誕生し，そのあとで，外部からいくつかの真正細菌（特にミトコンドリアになった細菌）を取り込み，取り込まれた真正細菌が遺伝子をホストの核内に送り込み，真核細胞の核ゲノムが完成したと考える説である．核よりあとにミトコンドリアが形成されたと考えるため，**ミトコンドリア後生説**（mito-late hypothesis）と呼ばれる．この説は次のような事実にもとづいている．真核細胞の核ゲノムは複数の系統の遺伝子から構成されるキメラ的な性質をもっている（Rivera & Lake, 2004）．ここで，核内の遺伝子の詳細を調べると，遺伝子の転写，翻訳や，それらの機能に関するタンパク質の遺伝子（情報遺伝子）は古細菌と共通なものが多く，細胞の代謝機能などに関係する遺伝子は真正細菌系のものが多い．このことから，真核細胞のホストになったのは古細菌で，そこに遅れて細胞小器官ミトコンドリアになる細菌が入り込み，真核細胞ができあがったと考えられたのだ．つまり，核内遺伝子のうち真正細菌と共通なものは，真正細菌がホスト細胞内でミトコンドリアになってから，自身の遺伝子の多くを宿主の核へ移行したため，できあがった真核細胞の核ゲノムがキメラ状になったと考えている．また，真核細胞の複雑な内膜構造は真正細菌が細胞内に共生してミトコンドリアになるまでに既にできあがっていたと考えるところもミトコンドリア後生説の特徴である．かつて，このミトコンドリア後生説を強力に推進した説が「アーケゾア説」である．

148

シスト

栄養型

図 4.7　アーケゾア説の根拠とされたランブル鞭毛虫

(a) アーケゾア説

　真核生物のなかにミトコンドリア，葉緑体，ペルオキシソームなどの細胞小器官をもたない生物が存在する事実を根拠に，真核生物の起源を説明する仮説で，つい 20 年ほど前までは真核生物の起源を論じる諸説のなかで最も強い支持を受けていた仮説であった．

　ランブル鞭毛虫（*Giardia intestinalis*）（**図 4.7**）と呼ばれる単細胞の真核生物は，ヒトなど哺乳類の小腸に寄生する体長 10〜15 μm の寄生性の鞭毛虫で，食欲不振，腹部不快感，下痢などの症状をもたらす「ジアルジア症」を引き起こす．この生物は真核生物であるにもかかわらず細胞内にミトコンドリアなど典型的な細胞小器官がなく，ゴルジ体なども痕跡程度に存在するだけといったシンプルな細胞構造をもった生物である．また分子生物学的な解析の結果，この生物が，現在知られている真核生物のなかで最も古い時期にその他の真核生物から枝分かれした原始的な真核生物だという報告もあった．そこで，ランブル鞭毛虫をはじめ核はあるが（その意味で真核生物であるが）ミトコンドリアなどの細胞小器官が存在しないいくつかの生物を，真核生物が細胞内共生によってミトコンド

リアや葉緑体を得る以前から生存し続けている原始的な真核生物ではないかと考え，**アーケゾア**（アーケ＝古い，ゾア＝動物）と命名したのである．そして，このようなアーケゾアがその後，外部から好気性の細菌を取り込み，ミトコンドリアという細胞器官にしたのが真核生物の祖先だという仮説を提案した．これを**アーケゾア説**と言う．つまり，現在のすべての真核生物は細胞小器官をもたない原始的な真核生物が外部より原核生物を取り込み，二次的に細胞小器官にしたという考え方である．

　しかし，ランブル鞭毛虫は先にも述べたように，哺乳動物の消化管に生息する寄生生物で，生存に必要な多くのものを宿主の細胞に依存する生活をしている．そのため，本来必要な多くのものを退化させている可能性が大きい．ミトコンドリアなどの細胞小器官も寄生生活に適応した結果消失したのではないかという疑義が生じたのも当然であった．事実，その後の研究でアーケゾアはミトコンドリア起源の遺伝子をもつことが明らかになった．また，その後行われた詳細な分子系統解析の結果，アーケゾアはミトコンドリアをもつ他の真核生物よりあとに分岐した，決して原始的とは言えない生物群であることが明らかになった．こうして，現在ではアーケゾア説は，真核生物の起源を説明する仮説としては存在意義を失ってしまった．さらに，ミトコンドリアを取り入れるという出来事が真核生物誕生に不可欠なステップであることが広く認められるようになり，すべての真核生物はミトコンドリアを獲得した共通祖先から派生したと考えられるようになっている．ただし，アーケゾア説が否定されたからといって，ミトコンドリア後生説そのものが否定されたわけではないことに注意してほしい．

(4) 三者共生説

　核の起源に関する 4 つ目の仮説は**三者共生説**（ternary hypothesis）とでも呼ぶべき仮説で，細胞内共生に 3 つの原核生物が関与していると想定している．この説では，2 種の原核生物のキメラであった共生生物が，次の段階でミトコンドリアの祖先細菌をエンドサイトーシスで取り込んで細胞小器官にしたとしている．この仮説に属する有名なものとしては，レイクとリベラや**グプタ**とブライアン・ゴールディング（Brian Golding）あるいは**ピュリフィカシオン・ロペス＝ガルシア**（Purificación López-Garcia）と**デイビッド・モレイラ**（David Moreira）らによって提唱された**核導入仮説**（endokaryotic hypotheses）がある．

　この仮説では真正細菌が古細菌を貪食作用（エンドサイトーシス）で取り込み，これを核とし，周囲の細胞質は真正細菌の細胞質からできていると考える．このように考えると，真核細胞の細胞膜が古細菌型ではなく，真正細菌型であることが無理なく理解でき，また，核にまつわる遺伝情報関連の遺伝子が古細菌タイプで，細胞質を舞台にする代謝関連の遺伝子が真正細菌型であることもうまく説明できるところが長所ではある．例えば，ロペス＝ガルシアとモレイラの考えた核導入仮説は**シントロフィー説**（**図 4.8**）と呼ばれるが，この説では第 1 段階としてメタン菌（古細菌）が粘液細菌のような δ プロテオバクテリアの内部に侵入し，キメラ細胞を形成し，その上で第 2 段階としてこのキメラ細胞が α プロテオバクテリアを取り込みミトコンドリアにしたと想定している．ここで宿主細胞に想定された δ プロテオバクテリア（特に，粘液細菌 myxobacteria を想定している）はヒストンをはじめ多くの真核細胞と共通のタンパク質をもっている点や，可動性や多細胞性をもつ点，真核細胞と共通のキナーゼ，G タンパク質をもつ点などが真核

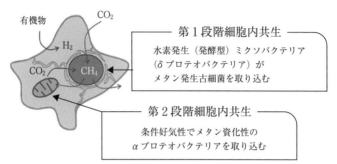

図4.8　2段階細胞内共生説（3者共生説）：シントロフィー説
Lopez-Garcia (2015) より引用し，改変．

細胞の祖先候補として取り上げられた理由である．またこの説では
独立栄養のメタン菌の代謝と δ プロテオバクテリアの従属栄養（発
酵）代謝を相互に隔離するために，またミトコンドリア（α プロテ
オバクテリア）を獲得したあとに起こったメタン菌の核ゲノム内へ
のイントロンの侵入による異常なタンパク合成を防ぐために，核膜
による区画化が起こったと考えている（Moreira & Lopez-Garcia,
1998）．

(5)　ウイルスによる真核細胞誕生説

　名古屋大学で DNA ポリメラーゼを対象に分子系統解析してい
た東京理科大学の**武村政春**教授は，2001 年にその解析の結果から
真核生物の DNA ポリメラーゼの一つが，ポックスウイルスのよ
うな「大型 DNA ウイルス」に由来するのではないかという考えに
到達し，さらに，その考えを発展させ，ウイルスが感染したこと
によって真核細胞の核が誕生したのではないかとする仮説（viral
eukaryogenesis）を発表した（Takemura, 2001）．同年，少し遅れ
てオーストラリアの**フィリップ・ベル**（Philip Bell）も同様の真核

細胞のウイルス起源説を発表したが (Bell, 2001)，彼の場合はポックスウイルスと細胞核のいくつかの共通点から，ポックスウイルスの祖先ウイルスがメタン古細菌に感染し，その細胞質で半永久的に増殖し続け，その間に宿主の遺伝子を盗み，次第に宿主ゲノムを乗っ取ることにより真核細胞が完成したと，真核化のシナリオを具体的に推定している．

　1992 年にイギリスのウェスト・ヨークシャー州の都市，ブラッドフォードで蔓延した肺炎の原因を究明するために行われた調査のなかで，冷却塔の水のなかから検出されたアカントアメーバの体内部に細菌とおぼしき生物が見つかった．あのウーズが使った 16S rRNA をプライマーにして細菌の種同定が試みられたが，検出できなかった．それもそのはず，細菌と見られたものは実は巨大なウイルスであったからだ．このウイルスは当初直径が 0.4μ と発表されたが，電子顕微鏡観察で明らかになった周辺構造まで含めると 0.75μ もある．ほとんど小型の細菌のサイズだ．ゲノムサイズも 120 万塩基対と細菌並みで，ウイルスとしては破格の大きさだった (Takemura *et al.*, 2015)．その大部分がアメーバから分離されている多くの巨大ウイルスに特徴的なのは，宿主のアメーバ細胞内でウイルス自身のゲノムを宿主ゲノムとは別個に複製している点である．その際，宿主の核酸分解酵素などによる攻撃を避けるためか，ウイルスはゲノム複製のための領域をホストの細胞内膜系を使って隔離し，自らのゲノムを包み込む（これを**ウイルス工場**と呼ぶ）．この現象をヒントに，武村は，ウイルスの感染を受け続けていた古細菌細胞がウイルスゲノムとの混合から自分のゲノムを守るために同様の包囲膜を形成したのが核膜の起源だろうという，**細胞核ウイルス起源説**を発表した．

　このころ発表されたいくつかの論文を概観して，パスツール研

究所の**パトリック・フォルテール**（Patrick Forterre）と**モルガン・ギャイヤ**（Morgan Gaïa）はウイルスと真核生物の起源の関係について，大型 DNA ウイルスが現代の真核生物の起源に重要な役割を果たしていることを示唆する論文がいくつかあると紹介した上で，次のように，巨大ウイルスと真核形成の関係を総括した（Forterre & Gaïa, 2016）.

　i) **巨大ウイルス**のウイルス工場は，真核生物の核を模倣したり，乗っ取ったりしている.

　ii) ウイルス工場と核の進化的なつながりを示唆する仮説もある.

　iii) 大型 DNA ウイルスはおそらく，ウイルスやバクテリア由来の遺伝子を原始真核生物に提供している.

　iv) 大型 DNA ウイルスは原始真核生物と共進化する時期があり，真核生物誕生に貢献した.

　さらに，フォルテールらは，元来の細胞核ウイルス起源説では，真核細胞の核が大型 DNA ウイルスの祖先から生まれたと仮定しているが，武村やベルらがウイルスではなく，ウイルス工場に着目することで，真核生成におけるウイルスの関与を想定する仮説に信憑性が増したと評価した.

　アカントアメーバからの巨大ウイルスの発見は続いており，最近発見されたメドゥーサウイルスを対象に行われた DNA ポリメラーゼなどの研究から，武村は真核細胞の進化に対するウイルスの関与について自信を深めているように見える（Takemura, 2020）.

　真核化の過程でのウイルスの関わりについてはこのようにいくつかの遺伝子を用いて比較研究が実施されているが，ウイルスと細胞生物の関係は真核生物の出現より古くから続いており，細胞生物が 3 つのドメインに分岐する以前からウイルスが存在した可能性は高く，フォルテールらが指摘するように生命の誕生過程そのものにウ

イルスが関わっていた可能性すら否定できない．ウイルスが生命であるか否かを問わず，地球生命系に及ぼした影響は計り知れず大きいと考えねばなるまい．

　このように核の起源について議論することはとりもなおさず真核生物がどのようにして誕生したかを考察することに他ならない．さまざまな仮説を通して，「大型の(古)細菌が小型の(古)細菌を取り込んだ」という基本概念は共通で，核との関係が深いのは古細菌，細胞質との関係が深いのは真正細菌という認識も多くの仮説で共有されている．というのも，真核生物の核内の遺伝子のなかで，DNA の転写や翻訳など遺伝情報に関連する遺伝子には古細菌と共通するものが多く，細胞質にあって代謝など細胞の日常的な機能を担う酵素タンパクの遺伝子には真正細菌と共通のものが多いという厳然とした事実があるからだ．つまり，真核細胞の核 DNA に収められている遺伝情報はキメラ的なのだ．この事実を説明するのに最も適当な仮説はミトコンドリア先行説であろう．これが，核の起源(すなわち真核生物の起源)に関する諸説のなかで，ミトコンドリア先行説，なかでも水素説にこれまで比較的多くの支持が集まった理由なのだろう．しかし，水素説にも問題がある．この説では古細菌のメタン菌が好気性の α プロテオバクテリアを取り込んで真核細胞を誕生させたことになっているが，もしそれが事実なら真核細胞の細胞膜はメタン菌に由来するはずである．つまり，古細菌に固有のエーテル型脂質膜でなければならない．ところが事実はそうはなっていない．

細胞膜の問題

　上にも述べた通り，真核生物の起源を考えるとき，常に研究者の頭を悩ます問題がある．それは，まず真核生物の核ゲノムがいくつ

かの異なる原核生物由来の遺伝子から構成されるキメラ的な性質をもっている事実である．しかもそのキメラ的なゲノムのうち，情報遺伝子は古細菌と共通なものが多く，代謝機能などに関係する遺伝子は真正細菌系のものが多いという事実も重要な点である．これらのことを素直に解釈すれば，古細菌がホスト細胞になり，それが何らかの方法で外部から真正細菌の遺伝子を取り込んだというシナリオが予想される．つまり，できあがった真核細胞の細胞膜は，当然ホストの古細菌型グリセロールにイソプレノイドアルコールがエーテル結合した脂質からなる古細菌特有の細胞膜になるはずだ．しかし実際には，グリセロールに脂肪酸がエステル結合したリン脂質からなる，真正細菌型の細胞膜なのである（図1.2）．

　この一見矛盾した現象を説明するために考え出された真核生物誕生シナリオがある．それは，上にも述べた，δ プロテオバクテリアがその内部に古細菌のメタン菌を取り込み，その後 α プロテオバクテリアをミトコンドリアにしたという，ロペス＝ガルシアとモレイラの考えた**シントロフィー説**である．他のミトコンドリア後生説やミトコンドリア先行説では，真正細菌の α プロテオバクテリアがホスト細胞内でミトコンドリアになる過程で，あるいはなったあとに，持ち込んだ遺伝子を用いて細胞膜形成を行い，ホスト細胞がもっていた古細菌型の細胞膜を真正細菌型に置き換えたと説明している．

ミトコンドリアの成立

(1) ミトコンドリアはいつ，どのように形成されたか

　ミトコンドリアは「細胞のエネルギー生産装置」として知られる重要な細胞器官である．この細胞器官は19世紀の半ばごろに発見され，19世紀末にドイツ人医師**カール・ベンダー**（Carl Benda）によって「ミトコンドリア」という名前がつけられた．1948年に

ニューヨークのロックフェラー研究所の**ジョージ・ホゲブーン**（George Hogeboom）らは精製されたミトコンドリアを用いてこの細胞器官がエネルギー代謝を担っていることを実験により証明した（Hogeboom *et al.*, 1948）．ミトコンドリアの起源はおそらく約20億年前ごろにさかのぼる．真核生物自体の起源もおおよそこのころと考えられており，そのため，真核生物の誕生の時期とミトコンドリアの取り込みの時期を巡って全く異なる2つの仮説ができあがった．それは真核生物の祖先系統である古細菌がその細胞内に核を形成した時期と，その細胞が外部からミトコンドリアの祖先であるαプロテオバクテリアを取り込んだ時期のどちらが早いかということで「ミトコンドリア先行説」と「ミトコンドリア後生説」に分けられる．具体的な内容については既に核の形成に関するさまざまなシナリオについて触れた前節で述べたので，ここではそのいずれが正しいかという点について，今も議論が定まっていないことだけを確認しておきたい．

(2) ミトコンドリアの祖先はどのようにして取り込まれたか

　この点についても前節で「核」形成に関するさまざまなシナリオについて触れたときに断片的に触れたので，重複を避けるためにここでは，祖先プロテオバクテリアが古細菌に取り込まれてミトコンドリアになる3つのシナリオを比較できる簡単な表を用意した（**表4.2**）．

(3) ミトコンドリアの祖先はどのバクテリアに近いのか

　それではホストである古細菌の細胞内に入り，ミトコンドリアになったのはどのような細菌なのだろうか．この問題を最初に取り上げたのはカナダのダルハウジー大学のマイケル・グレイとドゥーリトルである．彼らは細胞内共生説を検討するという趣旨の論文の

表 4.2　真核生物誕生の３つのシナリオとミトコンドリア取り込みのタイミング

	ミトコンドリア先行説 (核後生説)		ミトコンドリア後行説 (核先行説)
	連続細胞内共生説	水素説	三者共生説・ シントロフィー説
提案者 (発表年)	マーギュリス (1967)	マーティンとミューラー (1998)	モレイラとロペス=ガルシア (1998)
ホスト細胞	サーモプラズマ様古細菌	メタン菌 (古細菌) 化学独立栄養	(第1段階) δ プロテオバクテリア (細胞質) (硫酸塩還元ミクソバクテリア)
細胞内共生 の方法	化学 エネルギー　炭素源 (ピルビン酸) ↑ ATP	水素　炭素源 (ピルビン酸)	水素 ↓ メタン菌 (核) (第2段階) δ プロテオバクテリア +メタン菌 (核)
ミトコンドリア の祖先原核細胞	プロテオバクテリア (好気性従属栄養)	α プロテオバクテリア (通性嫌気性従属栄養)	α プロテオバクテリア (通性嫌気性従属栄養)

なかで，その数年前にウーズによって提唱された３ドメイン説を認める立場からコムギのミトコンドリアの 16S rRNA が細菌のそれに近く，コムギ自身の細胞質の 18S rRNA とは関係が低いという事実などからミトコンドリアの細胞内共生説を支持した (Gray & Doolittle, 1982)．その一方で，ミトコンドリアのチトクローム c や，葉緑体のチトクローム f が，それぞれ非硫黄紅色細菌とシアノバクテリアのチトクロームと似ている点については偶然の塩基配列の収れんにすぎないと細胞内共生説に懐疑的な一面も見せていた．しかし，その２年後にはコムギのミトコンドリアの rRNA 塩基配列が大腸菌 (*Escherichia* coli) のそれと 73～85% の相同性があることを示し，コムギのミトコンドリア 18S rRNA 遺伝子は真正細菌に

由来すると結論づけている.

　ウーズの一門も早くからこの問題に着手し，1985 年には「ミト
コンドリアの起源」という論文を発表しているが（Yang *et al.*,
1985），そこではミトコンドリアに進化した祖先細菌候補の範囲を
絞るため，コムギのミトコンドリア 16S rRNA を α プロテオバク
テリア綱のアグロバクテリウム（*Agrobacterium tumefaciens*）と
β-プロテオバクテリア綱のシュードモナス（*Pseudomonas testos-
teroni*），γ-プロテオバクテリア綱の大腸菌など細菌類の 16S rRNA
の塩基配列と比較解析している．結果は明瞭で，ミトコンドリアの
祖先は根瘤細菌やアグロバクテリア，リケッチアなどを含む α プロ
テオバクテリア綱の細菌であることが明らかになった.

　しかし，広範な種を含むこの α プロテオバクテリア綱のなかの,
どの系統に近いのかということになると，今も議論が煮詰まらない
状況が続いている．その理由の一つは間違いなく α プロテオバク
テリア綱というグループが細菌ドメインのなかでも最も多様性に
富むグループだからだ．ある研究者グループは**リケッチア**のゲノム
解析をして，リケッチアこそミトコンドリアの祖先種に近いと言
い（Andersson *et al.*, 1998），またあるグループはミトコンドリア
の祖先は α プロテオバクテリア綱のリケッチア亜綱に属する**ペラ
ジバクター**目の SAR11 と呼ばれる海洋性の細菌に近いと報告した
（Thrash *et al.*, 2011）．この目の細菌は海洋表層に生息する全原核
生物の 3 分の 1 を占める非常に存在量の大きい種であるが，近縁の
リケッチアが病原性の寄生生物であるのに対して，海洋中に溶存す
る有機炭素や窒素を利用する自由生活性の細菌であることが知られ
ている.

　一時，このペラジバクター（*Pelagibacter*）目細菌がミトコンド
リアの祖先だとする説に注目が集まったが，その後この説への支

持は下火になったようだ．例えば，バージニア大学のウーとワン
(Wang & Wu, 2015) はミトコンドリアの祖先候補についての議論
が今も決着を見ないのは，それまでの方法に問題があると指摘し
た上で，新たに多数の細菌種を系統解析に加えることで，α プロ
テオバクテリアの系統的な位置を明確にした．また，ミトコンド
リアの遺伝子よりも偏りが少なく，ゆっくりと進化することが知
られている，核に移行した29種のミトコンドリア由来遺伝子を系
統解析のマーカーとして使用することによって，ミトコンドリア
がリケッチア綱やアナプラズマ綱と姉妹関係にあることを明らか
にした．また，その解析結果から，ミトコンドリアは宿主細胞に
取り込まれたリケッチア属の細胞内共生体に由来する可能性が高
く，遠縁の自由生活者であるペラジバクターやロドスピリラーレス
(*Rhodospirillales*) に由来するものではないと，ミトコンドリア
のペラジバクター由来説を否定している．

　また，発表は相前後するが，彼らは構築したミトコンドリアの進
化系統樹をもとに，ミトコンドリアの祖先が実は寄生体だった可能
性を突き止めた．彼らはミトコンドリアとそれに最も近い現生の細
菌について，それらのゲノム（DNA データ）にもとづいて祖先同
士の関係を割り出したのだ．つまり，ミトコンドリアは「リケッチ
ア目（もく）」という寄生性・病原性の細菌グループに属し，ホス
ト細胞からエネルギーを奪い取る，そんな祖先から進化したと推測
している．この寄生性の祖先細菌はある時点で，その「栄養搾取の
ための遺伝子」を失い，反対に，現在のミトコンドリアが行ってい
るように，宿主へのエネルギー供給を可能にする別の遺伝子を獲得
したものと推定している．

　ただし，このリケッチア様寄生者説にも異議を唱える研究者がい
る．それは，ミトコンドリアの起源を研究しているマサチューセッ

ツ大学のデニス・サーシー (Dennis Searcy) で, 彼はミトコンドリアがリケッチア目の子孫であるとするウーラの判断は進化系統樹の解釈を誤ったことによると批判している. このように, 現在までミトコンドリアの祖先系統としていくつかの候補が挙げられたが, いまだに定説はない. 現在大部分の研究者が同意するのは, αプロテオバクテリア網の真正細菌だという程度のかなり漠然としたものである.

葉緑体も細胞内共生で

ここまで真核生物の誕生にまつわるさまざまな議論を中心に述べてきたが, 「ミトコンドリアの祖先細菌αプロテオバクテリアが, 宿主細胞である古細菌に取り込まれて細胞小器官になったという真核化の根幹については大方の意見の一致を得ているように思われる. それでは藻類や植物の細胞に見られるもう一つの細胞小器官, **葉緑体**はどうだろう.

マーギュリスが「連続細胞内共生説」で主張したのは, 葉緑体もミトコンドリアと同様に細胞内共生によって成立したという考えであった. ただし, この場合は既にミトコンドリアを細胞内にもった真核生物が宿主となり, そこに酸素発生型光合成をするシアノバクテリアの祖先が細胞内共生したことになる. しかし, マーギュリスがこの考えを発表して 5 年以上経った 1975 年当時においても「細胞内共生説」はまだ「自生説」とでも呼ぶべき説と天秤にかけられており, **キャバリエ＝スミス**などの学会の重鎮たちも, メレシコフスキーやのちにマーギュリスが描いた説得力のある「細胞内共生説」よりも「自生説」の方に肩入れしていた (Cavalier-Smith,1975). しかし, 同年, カナダのダルハウジー大学の**リンダ・ボーネン** (Linda Bonen) と**ドゥーリトル**は単細胞性

の紅藻 *Porphyridium*（チノリモ属）の葉緑体の 16S rRNA と細胞質の 18S rRNA を 3 種のバクテリア，*Escherichia coli*，*Bacillus subtilis*，*Anacystis nidulans* の 16S rRNA の塩基配列と比較したところ，チノリモの葉緑体の rRNA は比較した 3 種のバクテリアの rRNA と広範な配列相同性があったが，チノリモの細胞質の rRNA はどのバクテリアの rRNA ともほとんど相同性がないという結果を得た (Bonen & Doolittle, 1975).

　この結果は葉緑体とバクテリア類の系統的類似性を初めて定量的に明らかにし，葉緑体が原核細胞由来のもの，つまり細胞内共生で生まれたものであることを強く支持するものであった．そのため，この論文が報告されると，それまでくすぶっていた「自生説」は完全に議論の舞台から姿を消すことになった．

4.3　真核生物はいつ誕生したのか：化石による証拠

真核生物の化石

(1) グリパニア

　真核生物化石としては，アメリカのミシガン州にある 21 億年前の鉄鉱層で見つかった幅 1 ミリメートル，長さ数センチメートルのリング状に丸まった細い管状の化石（図 3.17，**図 4.9**）が有名である．当初それらを細菌あるいは細菌のコロニーだと考える研究者もいたが，その大きさや形状が一定している点，さらには，それまでにモンタナ州や中国，インドなどで発見されていた原生代（先カンブリア代後期，14 億年前）の生物と考えられていた**グリパニア**という真核性藻類に似ていることから，同じ属の藻類であると考えられるようになった．もしこれが事実なら，真核生物の最古の化石記録は一気に 7 億年もさかのぼり，21 億年も昔に存在していたことになる．同時に，この生物は酸素発生型の光合成をしていたことが

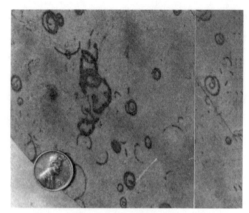

図 4.9　多数のグリパニアの断片を含む鉄鉱層

示唆されているので，この時代に既に細胞内共生により葉緑体をもつ真核生物が存在していたことになる．

(2) ガボンの多細胞生物

　真核生物の化石に関して近年興味深い発見があった．中央アフリカにあるガボン共和国の古生代前期の黒色頁岩層（21 億年前）から，コロニー形成をする高度に組織化されたと思われる生物の化石が発見された（Albani *et al.*, 2010; Albani *et al.*, 2014）．そのサイズは 12 cm に達するものもあり，柔軟な板状構造が基本形で，そこに放射方向に伸びる骨組みが埋め込まれている特徴的な形態をしている（**図 4.10**）．ガボンで見つかった化石は 24 億 5000 万〜23 億 2000 万年前の大気中酸素濃度の上昇（大酸化イベント）のあとに現れた生物で，たぶんこの時代の代表的な多細胞生物だったのだろう．そして，このような原始的な多細胞生物が徐々に進化，多様化して，15 億年後の多細胞生物のカンブリア爆発に結びついたのだ

図4.10　ガボンで発見された大型の真核生物化石
各写真のなかのバーは1 cm. Albani *et al.* (2014) より引用.

ろう.

(3) タッパニア

　微化石のなかに**アクリターク**と呼ばれる一群の化石がある（**図
4.11**）．これは，分類不能な微化石の総称で，動物の卵殻や多くの
緑藻類の休眠細胞など雑多な生物の遺骸であると考えられている．
このアクリタークが世界各地で発見されている．例えば，16億年前
のインドや中国北部の岩石からトゲのある**タッパニア**（*Tappania*）
と呼ばれるアクリタークが多数発見されている．さらに，オースト
ラリア北部やアメリカ北西部，さらにはシベリア中央部の15〜12
億年前の岩石層からも同様の微化石が見つかっており，さらにタッ
パニアが発見された中国北部の岩石層からはシュイヨーシュパエリ
ディウム（*Shuiyousphaeridium*）と呼ばれる微化石も大量に見つ
かっている（Yan & Liu, 1993）．このように，少なくとも古原生代
後期（18〜16億年前）には，真核生物の特徴をもったタッパニア

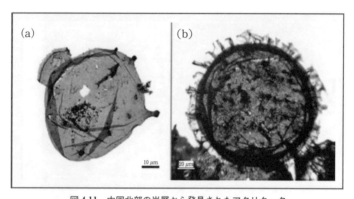

図 4.11　中国北部の岩層から発見されたアクリタ-ク
(a) *Tappania*, (b) *Shuiyousphaeridium*. Butterfield (2014) より引用し，改変.

やシュイヨーシュパエリディウムのような細胞学的に洗練された生物が世界の広範な地域に多様に分化しながら存在していたことが明らかだ（図 4.11; Butterfield, 2014）.

　ここまで読み進められた読者は，真核生物が 20 億年ほど前には確かに地球上に繁栄していたことをようやく確信されたであろう．もちろん，そのなかには長さ数センチメートルのグリパニアやガボンで見つかった 10 センチメートル以上の大きさのものも存在しただろうが，大部分は世界の各地で発見されたアクリタークのような微小な単細胞生物であったと考えられる．本章のもう少し前の方で古細菌が α プロテオバクテリアを取り込んでミトコンドリアが形成され，真核生物が誕生したのが 20 億年ほど昔のことだろうと考えたが，これら真核生物の化石の広範な広がりと繁栄を考えると，真核生物の誕生はもう少し過去だと考えた方がよいのかもしれない．

　ウーズが端緒を開いた細菌やアーキアまで含んだ分子系統解析技術の発達は，生命の誕生が 35〜40 億年前の始生代前期にさかのぼ

ること, そしてその生命誕生からあまり時間を経ない始生代の 38 億年ごろにはすべての原核生物の祖先生物からバクテリアとアーキアが分岐したらしいことなどを明らかにしつつある (Feng *et al.*, 1997; 山岸, 1998). また, このようにして, 分岐した 2 つのドメイン間で細胞内共生が起こって新たに真核生物というドメインが誕生したのは約 20 億年前の古原生代のことであることを述べてきた. もちろん, このような推定年代はまだ確定したわけではないが, 生命の誕生や真核生物の誕生という太古の生命現象に関して, タンパク質や核酸 (DNA や RNA) を分子時計として推定された年代と, 化石から得られた推定年代が大まかに一致したという事実は驚異に値する.

われら古細菌の末裔

　系統解析においても化石の証拠からも真核生物の誕生はおおよそ20億年ほど昔にさかのぼることが推定されたが，そのころ地球上のどのような場所でどのようにして真核生物が生まれたのかという点については，今も統一した考え方が定まっているわけではない．ただ，環境中の酸素濃度が少しずつ上昇するなかで，それまで自由生活をしていた α プロテオバクテリアのある種が古細菌に取り込まれてミトコンドリアになり，真核生物の誕生に深く関係したという点では大方の意見が一致しているようだ．しかし，この点についても，α プロテオバクテリアを取り込んだ古細菌とはどのような微生物であったのかという点になると問題は依然熱い議論のなかにある．この状況に一条の光明をもたらしたのは，2015年にグリーンランドに近い北極海中央海嶺の深さ3283mの深海底から採取された堆積物から新しい古細菌が発見されたという事件であった．しかし，この驚くべき発見に到達したのは偶然のことではなく，それを探し求めた多くの研究者の弛みない努力と好奇心の集積があった．

5.1　培養せずに微生物を検出する新しい方法：
メタゲノム解析法

　1980年代前半ごろまでは，真正細菌も古細菌も種を同定するにはまず環境から採取した試料を適当に希釈したあと，ペトリデイッシュに用意した寒天で固めた培地の上に塗布し，コロニーを形成したものから，一種ずつを他に用意した培地に単離培養した．それから形態を顕微鏡観察したり，さまざまな条件の栄養培地上での生育（増殖）の可否を調べたりすることにより生理的特徴などを明らかにすることが必要であった．しかし，微生物の多く，特に嫌気性であったり，生育適温が超高温であったり，飽和塩分濃度や強い酸性環境を好む古細菌には，培養に長い時間がかかったり，培養の難しいものが多く，これまでに発見された種数はバクテリア（真正細菌）に比べてはるかに少ない．

　また，培養を介して決められた微生物の数や種類数は，実際に元の試料に含まれていて，直接顕微鏡観察により推定された微生物の種類数や個体数よりもはるかに少ないことが明らかになっている（**表5.1**; Amann *et al.*, 1995）．つまり，環境中に存在する大部分の微生物は通常の培地では培養することができない「難培養微生物」なのである．このような状況を克服するため，1980年代の後半には培養を経ずに環境試料から直接抽出した16S rRNAの遺伝子（**rDNA**）をPCRで増幅し，その情報にもとづき試料中に含まれる微生物を簡易同定するという方法（**メタゲノム解析法**）が研究者の間に次第に広がってきた．

メタゲノム解析

　それぞれの生態系，例えばヒトの腸内や海洋，土壌などに存在する微生物群集（**マイクロバイオーム**）をすべてリストアップして，

表5.1 顕微鏡下で数えた全細胞数に対して培養できた細菌数の割合

生息環境	培養可能性（%）
海　水	0.001〜0.1
淡　水	0.25
中栄養の湖	0.1〜1
非汚染河口の水	0.1〜3
活性汚泥	1〜15
堆積物	0.25
土　壌	0.3

その種構成やそれぞれの種の存在比などから，その生態系を微生物学的視点から研究する分野がある．例えばヒトの腸内には約1000種類，100兆個の細菌や古細菌が生息するといわれているが，これらの値は1種類ずつ微生物を単離培養して，種類を決めたわけではない．腸内微生物をまとめて採取したあと，その全体から核酸を抽出し，ウーズが最初に用いた16S rRNA を標的にプライマーを設定することにより，培養が難しい細菌も含めた腸内細菌全体に含まれる16S rRNA 遺伝子（rDNA）の情報を得て決めたのである．このようにある生態系に含まれる**マイクロバイオーム**（微生物叢）の全DNAを網羅的に収集し，解析する方法をメタゲノム解析と呼び，得られたDNA配列から，そのマイクロバイオームにはどのような種類の細菌や古細菌がいて，どのような機能を発揮しているのかを明らかにできる．このような網羅的解析を実施することが可能になったのは，短時間に膨大な数の塩基配列を決定できる次世代シーケンサーが開発されたおかげである．

　このような新しい方法によって次々に見つかった古細菌グループを紹介する前に，基本となった2つの古細菌グループ，ユーリアーキオータとクレンアーキオータについてざっとおさらいをしておこう．ウーズがウォルフの助けを得て古細菌を発見したのは1977

年のことだが，3ドメイン説を発表した1990年の論文では「ドメイン古細菌」を超好熱菌が含まれる「**クレンアーキオータ**」（クレンはギリシャ語で「起源」とか「泉」の意）と，メタン菌，高度好塩菌，好熱性菌，少数の超好熱性菌などが混在する「**ユーリアーキオータ**」（ユーリはギリシャ語で「多様な」の意）の2つの門に分けるよう提案している（Woese *et al.*, 1990）．その主張の正しさは，その後両古細菌門のゲノムを比較することにより次々に明らかにされた．つまり，ユーリアーキオータのゲノムに刻まれたDNAポリメラーゼやRNAポリメラーゼ，細胞分裂に関与するタンパク質FtsZ，ヒストンなどがクレンアーキオータには存在しないことが明らかになり，2つの系統が分岐して長い時代を経て，今や隔絶した関係にあることが明らかになったのである．

ユーリアーキオータ

　ユーリアーキオータは1958年に牛のルーメン（第一胃）から初めて分離された古細菌で，当然最初は古細菌とは認識されていなかった．この仲間の古細菌は培養系統が確立している種が多く，それだけに生理学的研究やゲノム解析によく使われてきた．ユーリアーキオータには，メタン生成に関わるメタン菌や塩田などに生息する高度好塩菌などが含まれる．メタン生成だけでなく，嫌気性メタン酸化や，他の短鎖炭化水素の嫌気性酸化にも関与するなどさまざまな生理機能をもった多様な種を含み，さまざまな環境に適応している．メタゲノム解析はユーリアーキオータのようなよく研究が進んだ分類群にも新しいグループを追加した．例えば硫黄，窒素，鉄の循環に関与する2つのグループや，タンパク質など有機物の分解に関与する4つのグループなどである．

クレンアーキオータ

超好熱古細菌として知られており，そのためさまざまな中温環境から類似の古細菌が発見されるようになったとき，昔からよく知られていたクレンアーキオータはわざわざ「超好熱性クレンアーキオータ」と呼ばれて区別された．このグループの *Sulfolobus* 属古細菌が最初に分離されたのはイエローストーン国立公園の温泉からで，その後も陸上や海洋の高温の場所から多くの種が分離・培養されている．*Pyrolobus fumarii* などは 113℃ までの温度で生育が可能な超好熱菌である．クレンアーキオータの古細菌は超好熱性で好酸性でもあるため培養が難しそうであるが，実際には多くの種で培養系が確立されており，そのため広範に研究がなされてきた．その多くは嫌気性従属栄養であるが，一部の種は硫黄を用いた化学合成独立栄養を営んでいる．以下に述べる環境ゲノミクス（16S rRNA 遺伝子の多様性調査）研究が実行されるようになると，クレンアーキオータに関連する未培養で，進化の早い段階で枝分かれした系統がいくつか検出され，「中温性クレンアーキオータ」として扱われるようになった．

5.2 新たな古細菌の探索レース

その後 20 年間の間に，このような培養に依存しないメタゲノム解析法が洗練化されるとともに，DNA シーケンス技術が飛躍的に進歩することによって，それまで培養が困難なために調べることができなかった細菌や古細菌の研究が一挙に発展することになった．具体的には，試料中に含まれる 16S rRNA の遺伝子（SSUrDNA）を古細菌特異的プライマーを用いて PCR 法で増幅し，rDNA のクローンを得る．得られた rDNA クローンの塩基配列を決定した上で既知の古細菌の塩基配列と比較し，種の同定を行うのである．読

者はお気づきだろうか．ここでもウーズが用いた 16S rRNA が種同定のターゲットにされている．「まさに，この分子は分子系統解析のロゼッタストーンなのだ」(Brochier-Armanet *et al.*, 2008)．

　この方法を駆使すれば今まで誰も知らなかった不思議な微生物に遭遇できるかもしれない．これまで細い隙間から覗いていた微生物の世界が一挙に目前に全開したようなものだ．特に古細菌については生命の起源や，真核生物の誕生に関わる可能性のある未知の微生物が発見される可能性が高い．世界中の研究者がさまざまな生態環境から試料を採取し，メタゲノム解析法を駆使して新しい種の発見を競うことになった．例えば，海洋の水，沿岸の水，極地方の海洋水，大陸棚の堆積物，塩沼，淡水湖，農業土壌，水田土壌，イエローストーン国立公園の高熱温泉，浅海の熱水噴出孔，日本の酸性温泉などが調査され，次々に新しい古細菌が発見されるようになった．また，いくつかの古細菌系統（門レベル）の代表的な種の全ゲノム配列が明らかにされた．このような調査，研究を通じて，古細菌の生息域やそこで営まれる代謝や増殖様式の多様性や生態などに関する知識が飛躍的に増大することになった．

まず海洋の中温性古細菌

　さまざまな生態環境から rDNA を採取し培養を経ずに古細菌の種同定を試みた多くの研究チームのなかで，最初に研究成果を発表したのはアメリカのウッズホール海洋研究所のグループだった．彼らは本来の研究対象である海洋を舞台に，特に北米の東海岸および西海岸の酸素濃度の高い海岸線の表層水を調査し，1992 年にそれまで未記載の古細菌が広く生息していることを発見した．その古細菌の量は沿岸の細菌性プランクトン群から抽出した rRNA 総量の最大 2% にも及ぶことがわかった．また，地理的に離れた地点で

採取した細菌性プランクトンの混合集団から, 古細菌の 16S rRNA をコードする DNA(rDNA) をクローニングし, これらのクローン化された rDNA の系統およびヌクレオチド上の特徴的な配列（シグネチャー）を解析した結果, 沿岸の海洋表層には 2 つの古細菌の系統（グループ I とグループ II）が存在することが明らかになった. それぞれの系統は, それまでに古細菌ドメインの特徴として確立されていたゲノム上の特徴を共有しており, ウーズが開発した 16S rRNA 分子による系統樹上での位置を確かめると, グループ I は超好熱性クレンアーキオータの姉妹系統で, グループ II はユーリアーキオータに属すと考えられたが, いずれも未記載の新しい種であった (DeLong, 1992).

発見された 2 つのグループをクレンアーキオータとユーリアーキオータという既往の古細菌の門にそれぞれ振り分けたのは, この報告の 2 年前にウーズによって古細菌を 2 つの門に分けるという提案があったばかりだったからであり, それに従ったのは当然である. しかし, 系統解析の結果をよく見るとグループ I については超高温性クレンアーキオータの姉妹グループであることを示しただけで, その内部に含まれるとは述べていない. 実際にはこれら海洋表層で見つかった古細菌は新しい門として捉えるべきであったのだが, この時点ではそこまでの検討には及ばなかったのだ (Brochier-Armanet *et al.*, 2008).

わが国の取り組み

わが国でも, 京都大学や海洋研究開発機構 (JAMSTEC) の微生物研究グループが早くから海洋微生物探査に力を入れていたが, 彼らが狙いをつけたのは深海の熱水噴出孔の周辺の微生物であった.

京都大学グループは鹿児島県南方の十島村にある小宝島近海の

硫質噴気孔に着目し，その周辺の海底堆積物や噴気孔から排出される海水を試料としてサンプルし，試料中に含まれる微生物の培養条件（温度や塩分濃度，pH）と微生物の増殖の関係を調べ，その生理特性を明らかにしている．またその 16S rRNA のゲノム解析からこの微生物がクレンアーキオータに属し，好気性で好酸性の好熱細菌 *Sulfolobus* に近い新属の古細菌であることを解明した上で，*Aeropyrum pernix* と新属・新種の記載を行っている．また，この古細菌の光学顕微鏡や電子顕微鏡写真を載せて，生物としての古細菌の姿を広く世界に発表した（Sako *et al.*, 1996）．また，彼らは長崎県橘湾の浅海底水深 22 m にある熱水噴出孔から出る熱水（128℃，pH 8.7）やその近辺の堆積物の表層 10 cm（25〜75℃），そして雲仙岳にある温泉の酸性の熱水（84〜93℃，pH 2.8）を採取してそれらの試料中の 16S rRNA のゲノムを調べ，それら熱水中の古細菌群集が生理的にも系統的にも非常に多様であることを明らかにした．

　わが国における海洋科学技術の総合的な研究機関として 1971 年に設立された海洋研究開発機構でも，生命進化の現場とでもいうべき深海底にある熱水噴出孔周辺の研究に焦点を当て研究を進めてきた．例えば，有人潜水調査船「しんかい 2000」を使って水深 1000〜1300 m の海底にある 3 つの熱水噴出孔（水曜海山，明神礁，伊平屋海盆）を調査地に選び，古細菌を採取してその多様性を確認するための研究を実施した．しんかい 2000 には船外にマニュピレーターが付いているので，これを操作すれば，熱水噴出孔の調べたい部分から必要な試料を採取できる．例えば，噴出孔から出ている熱水と，噴出孔を構成している煙突部分の部材を選び分けて試料を採取できるので，最終的に得られた古細菌が実際に生息している部分をピンポイントで知ることができるのだ．試料中に含まれる古細菌

の種類を知るにも工夫が必要だった．しかも，得られた試料から古
細菌を培養することが極めて困難だったため，試料の解析の大半
は 16S rRNA 配列を決定し，それを系統解析するという手順で行
われた．すなわち，試料から 16S rRNA のゲノム（rDNA）を取り出
し，PCR を介してその配列決定を行った結果，深海熱水噴出孔と
いう環境に生息する古細菌群集は非常に多様で，また，これらの群
集のメンバーのほとんどが未培養・未同定の生物であることがわかっ
た．それらの系統を解析すると，これら深海熱水噴出孔という環境
に生息する古細菌はクレンアーキオータ門，あるいはユーリアー
キオータ門の進化の早い時期に分岐した系統として位置づけられ
た．これらの成果は論文として公表されたが（Takai & Horikoshi,
1999），この論文は後述する「原核生物と真核生物を橋渡しする古
細菌」の発見をもたらす重要な情報となったに違いない．

海綿と共生する古細菌

　海洋性の中温性古細菌として発見された例のなかで興味深いのは
アクシネラ（*Axinella*）属海綿（**図 5.1**）の共生者として発見され
た ***Candidatus***[1] Cenarchaeum symbiosum であろう．実験では
海綿組織に含まれる古細菌細胞を海洋性クレンアーキオータ用に作
成したオリゴヌクレオチドで蛍光標識したあと，顕微鏡観察し，こ
の古細菌が幅 0.5 μm，長さ 0.8 μm の桿菌で，盛んに細胞分裂する
活性ある状態で海綿細胞の内部に共生しているらしいことなどを報

---

[1] 環境サンプルなどに対して，直接 DNA を検査したとき，既存の原核生物種とは異
　なる配列をもった DNA が存在することを見いだしながら培養することが現在の方
　法ではできないようなとき，分類学上の暫定的な地位を与えるため，種名（属名＋
　種小名）の前に，ラテン語で「候補」を意味する *Candidatus* あるいはその略 *Ca.*
　をつける．

図 5.1　アクシネラ (*Axinella*) 属海綿 → 口絵 12

告している．これは古細菌クレンアーキオータが関与する共生の初めての報告となった (Preston, 1996).

　翌 1997 年にカリフォルニア大学海洋研究所の研究者たちは，早速この海綿に共生する中温性古細菌 *C. symbiosum* から得たタンパク質，DNA ポリメラーゼを詳細に研究し，そのアミノ酸配列が超好熱性クレンアーキオータ *Sulfolobus acidocaldarius* や *Pyrodictium occultum* 由来の DNA ポリメラーゼのそれとよく似ていること（それぞれ類似度は 54%，53%），ただし，それらに比べて耐熱性が低いことを明らかにした．そしてこのタンパク質から系統樹を作成しているのだが，海綿に共生する中温性古細菌は超好熱クレンアーキオータの内部に位置づけられている．この位置づけは「中温性古細菌は超好熱性クレンアーキオータから進化し，中温性の生活に適応した」という当時広く受け止められていた考えによく合致していた．

その後，この共生する古細菌についてはゲノム解析が進み，この古細菌が炭素固定のための完全な代謝経路をもつことも明らかになった．しかも，この経路は現在では最もエネルギー効率の高い炭素固定経路の一つである．

一方，16S rRNA遺伝子を用いた系統樹を作成すると，多くの場合中温性クレンアーキオータは超高熱性クレンアーキオータの系統の内部に含まれることはなく，別の系統として位置づけられる（Robertson, 2005）．その点では，エドワード・デロング（Edward DeLong）らが最初に海洋から見つけた中温性の古細菌を超好熱性クレンアーキオータの姉妹グループとしてクレンアーキオータの外に位置づけたのと同じ結論であった（DeLong, 1992）．

土壌中にも棲んでいる中温性アーキオータ

環境からの直接rDNA抽出による微生物探索のなかで，土壌中にもたくさんの古細菌が普遍的に生息することが次第に明らかになった．例えば，ウィスコンシン大学の微生物グループは畑で栽培したトマトの根からクレンアーキオータと思われる古細菌を検出し，この古細菌が若い植物根と老化した植物の両方に予想外の高頻度で定着し，特に老化した植物の根に豊富に存在することを報告している．またこのチームは研究を進めるなかで，この古細菌の培養を試み，中温性アーキオータとしては初めてその培養に成功している（Simon *et al.*, 2000; Simon *et al.*, 2005）．

また，ドイツのダルムシュタット工科大学のチームはヨーロッパとアジアの多様な地域から採取した7種類の土壌試料（森林，草原，荒地，永久凍土）と，2種類の微生物マットから，同一で特定系統のクレンアーキオータを発見した．一方，同時に行った淡水堆積物の調査では多様なクレンアーキオータを検出したが，16S rDNA 配列を検討すると，4つの異なる中温性クレンアーキオータにグループ分けされたという (Ochsenreiter *et al.*, 2003).

　それまで長い間，微生物学者は古細菌を他の生物ではとても生育できないような高温条件の熱水噴出孔や温泉，塩分濃度が極端に高い塩田など過酷な環境で生活する「極限環境微生物」と位置づけてきた．例えば当時培養されていたクレンアーキオータはすべて硫黄を代謝し，60〜90℃ で生育する超好熱菌であった．しかし，培養に依存せず，環境試料から直接抽出した 16S rRNA 遺伝子 (rDNA) により試料に含まれる微生物を簡易同定してそこに棲む微生物を明らかにするというこの画期的な研究方法により，溶存酸素がたっぷりある表層海域や，陸域の土壌中にも低温〜中温を好む膨大な数のクレンアーキオータが普遍的に生息することが明らかになった．この発見はこの方法（培養を経ないで環境から直接 rDNA 抽出することにより微生物を探索する方法）がもたらした最大の成果であるが，もう一つの大きな成果は，表層海域で発見された低温〜中温を好むクレンアーキオータが果たしている機能についての発見である．

中温性古細菌が果たす役割とは

　マーティン・カネキーなどワシントン大学のチームは，河口の堆積物から採取した硝化希釈培養液，水族館の硝化ろ過システム，熱帯魚水槽の砂利などから海洋性グループ I のクレンアーキア属に属する配列を検出した．ここに含まれる微生物は重炭酸塩とアンモニアを加えた培地で単離される独立栄養生物で，SCM1 と呼ぶことにした．電子顕微鏡で調べたその形態はそれ以前に各地から報告されていた海洋性クレンアーキオータの蛍光標識写真の形態と一致していた．さらに，その 16S rRNA をはじめとした RNA の遺伝子配列 1650 塩基対を使ってそのころまでに報告されていた海洋クレン

アーキオータ各種との系統関係を調べたところ，SCM1 を含めてそれまでに報告されたすべての海洋性グループ I クレンアーキオータは単系統群を構成することがわかった（rRNA 塩基配列は 94％以上で一致した）．一方，土壌性の中温性クレンアーキオータや好熱性アーキオータとは rRNA 塩基配列でそれぞれ 84％ と 80％ 以下の一致度しかなく，別系統であるということも明らかになった（Könneke *et al.*, 2005）．

　彼らの研究に先んじてバミューダ沖のサルガッソー海域で採取した海水試料から微生物群集をフィルターで選別し，そのゲノム全体を**ショットガンシーケンス法**[2]を用いることにより試料中の微生物ゲノムを解析し，調査海域での微生物群集の遺伝子量，多様性，相対存在量が調査されたが，そのなかで，古細菌ゲノム配列中にアンモニアを酸化して亜硝酸にするアンモニウムモノオキシゲナーゼ酵素の遺伝子が発見された．このことは，それまで真正細菌にしかできないと考えられてきた海洋における硝化作用が，古細菌の仲間にもできるということを意味し，大変興味深い報告であった（Venter *et al.*, 2004）．しかも，ハワイ大学のチームによってハワイ近傍の海域で実施された海産微生物相の季節や水深の違いによる変化の調査によると，この中温性クレンアーキオータは世界中の海洋に膨大な数（10^{28}）が生息しているという．実に中温性クレンアーキオータは海洋に最も大量に生息する原核生物で，彼らこそアンモニアを酸化させ亜硝酸を生成させる硝化活動の，ひいては地球上の窒素循環の主役であるかもしれない．事実，クレンアーキオータの密度と亜

---

[2] まずは，長いゲノム DNA を，制限酵素などで物理的に切断し，切断された短い DNA 断片について次世代シーケンサーを用いて無作為に配列の決定をする．その DNA 断片の配列の重なり部分をコンピュータ上でつなぎ合わせることで，長いゲノム DNA の遺伝子配列を決定するという方法である．

硝酸塩濃度の間に正の相関があることがアラビア海やカリフォル
ニアのサンタバーバラ海峡などで観察されている上，浅海の海水から
古細菌のアンモニア酸化酵素の遺伝子が検出されていた．

　そこで，オランダ王立海洋研究所のチームは北海沿岸の海水を
22〜25℃ で培養しながら海水中の微生物の密度と海水中のアンモ
ニア濃度の変化を追跡し，中温性クレンアーキオータの密度の上昇
に伴いアンモニアが減少してほぼゼロになることを突き止めた．こ
こで重要なのは，これまでアンモニアの酸化（硝化）の立役者と考
えられていた真正細菌の密度はアンモニア濃度の減少と対応せず，
低い値であった点である．少なくともこの実験系では海水中の**アン
モニアの酸化（硝化）**に関与したのは中温性クレンアーキオータで
あったことが明らかである．さらに，大西洋海域を調査した結果，
アンモニウムの再生と酸化が最も盛んに行われる海洋の上層 1,000 m
では，中温性クレンアーキオータのアンモニア酸化酵素ゲノムのコ
ピー数がバクテリアのそれよりも 10〜1000 倍多いことがわかった．
このように，培養実験や野外試料の調査の結果は，海洋における硝
化において中温性のクレンアーキオータが主要な役割を担っている
ことを強く示唆している (Wuchter *et al.*, 2006)．

　以上のように，中温性の古細菌についてはその多様性と機能，
普遍性から多くの研究者の興味を引き，1990 年代から 2000 年代
にかけて多くの研究報告が生まれた．コロラド大学のノーマン・
ペイス[3]の研究チームはその論文の中で「問題は古細菌がそれぞ
れの生態系で何をしているのかだ」という問いを投げかけたが
(Robertson *et al.*, 2005)，この点についても，ある古細菌はアンモ

---

[3]　ノーマン・ペイスは，コロラド大学を皮切りに，インディアナ大学，カリフォルニ
　　ア大学と移動し，1999 年からコロラド大学に戻っている．

ニアの酸化作用（硝化の第一ステップ）を担っているという一つの
明確な解答例が得られた.

中温性クレンアーキオータは第3の門, タウムアーキオータへ

　前にも述べた通り, 発見当初はこの中温性クレンアーキオータは
超好熱性クレンアーキオータのなかから新しい環境に適応して生
まれてきたものと考えられ, 16S rRNA ゲノム解析の結果などもこ
の考えを支持していた. しかし, 中温性クレンアーキオータは生息
環境のみならず, 機能においても, 超好熱古細菌とは全く異なり,
16S rRNA ゲノムによる系統樹解析においても, クレンアーキオー
タとは姉妹群を形成する別のグループと考えられるケースが多くなっ
た. 2006 年にはマサチューセッツ工科大学のチームが例の海綿と
共生する古細菌 *C. symbiosum* の全ゲノム配列の解読に成功した.
C. symbiosum の 525 の翻訳領域の配列は海洋環境ゲノム調査から
得られた配列と高い類似性を示し, それらは明らかに自由生活する
中温性クレンアーキオータのオーソログ遺伝子（相同機能遺伝子）
であった. 要するに, *C. symbiosum* のゲノムは他の既知の超高熱
クレンアーキオータのゲノムとは著しく異なり, 自由生活する中温
性クレンアーキオータと重要な代謝に関する多くの特徴を共有して
いることがわかった. また, 他の研究チームが発表したほとんどの
16S rRNA 系統樹でも, 海洋性グループ I は培養された超好熱性ク
レンアーキオータのなかには含まれず, 別の枝を形成している.

　フランスにあるパスツール研究所のフォルテールのグループは,
全配列が解読された *C. symbiosum* のゲノムに真核生物様のヒス
トン遺伝子が発見され, この遺伝子のホモログはほとんどのユー
リアーキアゲノムには存在するが, 超好熱性クレンアーキオータ
には全く存在しない点に注目し, 中温性クレンアーキオータは超

好熱性クレンアーキオータとは大幅に異なるゲノムの特徴をもつ可能性があると考えた．一方，当時発表されていた 16S rRNA 遺伝子 (rDNA) にもとづく系統解析では，約 700〜1300 の塩基配列が解析に用いられたが，いずれもそれぞれの古細菌系統の相対的出現順序を明らかにできていなかった．これは，16S rRNA ゲノム (rDNA) だけでは系統的な解析に利用できる塩基数が少なすぎることが原因だと考えられた．そこで彼らはリボソームの小サブユニットの RNA (16S rRNA) のみならず，大サブユニットの RNA (23S rRNA) もともに解析の対象にすることにより解析能力を上げることにした．これら 2 つの rRNA ゲノムの系統解析の結果，それまで広く信じられていた，中温性クレンアーキオータが超好熱性クレンアーキオータから進化したという仮説は否定され，中温性クレンアーキオータと超好熱性クレンアーキオータを 2 つの別系統のグループとする考えが強く支持される結果となった．さらに彼らはリボソームを構成するタンパク質をマーカーとして用いて古細菌系統樹の最初期の分岐点の解明を試みた．その結果，ユーリアーキオータと超好熱性クレンアーキオータが分岐するより前に中温性クレンアーキオータが分岐していた可能性が示唆された．さらに，超好熱性のクレンアーキオータとユーリアーキオータそれぞれに特異的なタンパク質を，*C. symbiosum* がどれほど共有しているかを調べたところ，*C. symbiosum* は超好熱性クレンアーキオータのタンパク質よりもユーリアーキオータに特異的なタンパク質をより多く共有していることが示された．

　これらの事実は，*C. symbiosum* をはじめとする「中温性クレンアーキオータ」と呼ばれてきた古細菌は，クレンアーキオータとは別グループと考えるべきであることを強く示唆している．さらに，16S rRNA ゲノムを比較した際に見られる中温性の古細菌の多様性

は，このグループがユーリアーキオータや超好熱性クレンアーキオータと同等の地位を占める主要系統の一つであることを意味している．実際，環境中の 16S rRNA のゲノム調査から，中温性古細菌中にいくつかの目レベルのサブグループが存在することが既に明らかになっている．

　以上の点を踏まえて，フォルテールらはこの「中温性クレンアーキオータ」と呼ばれてきた古細菌グループを古細菌の第 3 の門であると考え，2008 年に**タウムアーキオータ**（Thaumarchaeota，"thaumas" はギリシャ語で「驚き」の意）と命名するよう提案した（Brochier-Armanet *et al.*, 2008）．

コルアーキオータ

　インディアナ大学の**ノーマン・ペイス**（Norman Pace）の研究室では，イエローストーン国立公園の高熱温泉の堆積物から直接，微生物群集の DNA を抽出し，PCR 増幅を介して多くの古細菌の 16S rRNA 遺伝子配列を得た．これらの rRNA 遺伝子配列を系統学的に解析した結果，超高熱アーキアとして知られていたクレンアーキオータに属する種だけでなく，それまで近縁種が見つかっていないクレンアーキオータ種の存在も明らかになった．この温泉からは予想外に多数の古細菌の配列タイプが得られ，特にクレンアーキオータが従来考えられていたよりもはるかに多様なグループであることが明らかになった．彼らはさらに採取された未培養の生物から得られた rRNA の塩基配列の解析を続けた結果，これらの rRNA 配列から新たに発見された生物は，それまで知られていた古細菌の 2 つの門，ユーリアーキオータとクレンアーキオータに位置づけるより，別のグループとしてまとめるべきだという結論に至り，第 3 の古細菌グループとして，「**コルアーキオータ**」（Korarchaeota）と

仮称される新しい門をつくった (Barns *et al.*, 1996). ただし, このグループはのちに **TACK** 上門が提唱されたとき, その一部と見なされるようになった (Guy & Ettema, 2011).

コルアーキオータについては, ノルウェーの研究グループがアイスランドの 2 カ所, およびロシアのカムチャッカ半島にある合計 19 の温泉を対象にこの古細菌の多様性や分布, 存在量を調査した. 調査した温泉の温度は 70~97℃ で, pH は 2.5~6.5 だったが, 19 の温泉のうち 12 カ所においてコルアーキオータのプライマーで陽性反応が出た. そこで, それらの試料からコルアーキオータの 16S rRNA ライブラリーを作成したところ, 得られた合計 301 個のクローンのうち, アイスランドから 87 個, カムチャッカ半島から 33 個のユニークな配列が得られたという. この陸域の温泉で得られたコルアーキオータ古細菌の配列はそれまで海で見つかっていたものとは明確な違いがあったが, 3 カ所の調査地間では多様性は極めて低く, また温泉で検出される微生物群集のなかに占めるコルアーキオータの割合も非常に低かったと報告されている (Reigstad *et al.*, 2010).

ドイツのレーゲンスブルク大学の**ジェイムズ・エルキンス** (James Elkins) らは, この古細菌グループのうちコルアーキオータの 1 種, *Candidatus* Korarchaeum cryptofilum を用いて全ゲノムショットガンシーケンスを行って複合ゲノムを構築し詳細な研究を行った. そして, この種が炭素とエネルギーを単純なペプチド発酵に依存していることなど興味深い事実を明らかにするとともに, その細長い棒状構造をした特異な形態 (**図 5.2**) を紹介した. また, 彼らは得られたゲノム情報からコルアーキオータ門は系統樹の深いところで (進化の早い時期に) 分岐した系統であり, クレンアーキオータに明らかに親和的であるが, ゲノムから予測された遺

184

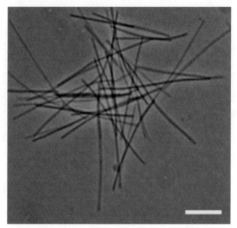

図 5.2 *Candidatus* Korarchaeum cryptofilum
Elkins *et al.* (2008) より引用.

伝子の内容から，細胞分裂，DNA 複製，tRNA 成熟など保存され
たいくつかの細胞システムは，ユーリアーキオータにも類似してい
ると報告している (Elkins *et al.*, 2008).

日本人が見つけたアイグアーキオータ

　海洋研究開発機構の研究者，**布浦拓郎**らも地下 320 m の金鉱脈か
ら流出する地下熱水中の微生物マットに優占する新規の古細菌を発
見していた (Nunoura *et al.*, 2005; Nunoura *et al.*, 2011). そして，
16S rRNA 遺伝子を解析することにより，この新たに見つかった古
細菌が，超好熱性で培養が比較的容易な既知のクレンアーキオー
タや中温性のタウムアーキオータとは異なる系統の古細菌である
ことを明らかにしていた. 見つかった古細菌の種は HWCG I (hot
water crenarchaeotic group)(*Caldiarchaeum subterraneum*) と
HWCG III (*Nitrosocaldus* sp.) の 2 種で，解析の結果確認され

た遺伝子は，例えば細胞分裂タンパク，ウイルス抵抗 CRISPR 配列，DNA 複製や修復，細胞サイクル関連，遺伝子転写や翻訳に関わるタンパク質，エネルギー代謝など多岐にわたる．総じて *C. subterraneum* の系統関係はタウムアーキオータとクラスターをつくり，超好熱性クレンアーキオータとは明確に遠い関係にあった．また，DNA の複製や修復，あるいは細胞分裂に関わる遺伝子はユーリアーキオータのそれに似ており，リボソームタンパク質はクレンアーキオータと類似していた．さらに，*C. subterraneum* とタウムアーキオータ，コルアーキオータのゲノム中に存在するユーリアーキオータや超好熱性クレンアーキオータの重要遺伝子のオーソログ遺伝子の数を調べたところ，*C. subterraneum* がこれらクレンアーキオータグループのなかでも独立した位置を占めることが明らかになり，彼らはこの古細菌 *C. subterraneum* をはじめとする HWCG I のグループを新たに**アイグアーキオータ**（Aigarchaeota）と命名することを提案した（Nunoura *et al*., 2011）．なお，このアイグという言葉は「超好熱」と「中温」の中間の温度条件を好み，クレンアーキオータ系統のなかで進化の途上にあるという意味からギリシャ語の「あけぼの」を意味する "aigi" を用いたそうである．

このように中温性の古細菌が海洋中にも陸域にも普遍的に存在することを発見した「新たな古細菌」の探索は，タウムアーキオータ，コルアーキオータ，アイグアーキオータという 3 つの新しい「門」を確立させることになったが，ここで真核生物と古細菌の関係を考える上で，特に真核生物を誕生させた古細菌とアルファプロテオバクテリアのうち，正体が定まらない古細菌側の候補がクレンアーキオータとタウムアーキオータを含むクラスターのなかから生まれたとする考えを公表したのは，スウェーデンのウプサラ大学の**エッテマ**らである．彼らの論文にもとづき 2011 年当時の状況を概

観してみよう.

TACK 上門の提起

　ウーズの 3 ドメイン説の発表以来 30 年以上の間に多くの研究者が集中して取り組んだ問題,「真核生物の起源」についてはさまざまなレベルから多くの見解が発表されてきたが, その多くは状況証拠にもとづくものであった. ただし, そのような状況にあっても次の基本概念については, 大部分の研究者が認めているように見える.

(1) すべての真核生物は共通の祖先（原始真核生物）から進化した.
(2) その原始真核生物には α プロテオバクテリア由来の細胞内共生体（原始ミトコンドリア）が含まれている.
(3) このような真核生物のゲノムには古細菌由来の「情報の保存や処理」に関わる遺伝子（複製, 転写, 翻訳）と, バクテリア（真正細菌）由来の「代謝過程」に関わる遺伝子がキメラ状態で含まれている.

　しかし, α プロテオバクテリアを取り込んでミトコンドリアとしたホスト側の古細菌の正体がはっきりしない. また, どのようにしてこれを受け入れたのかについても定説がない. 以前は真核細胞の誕生過程を明らかにする確かな実証データがなかったため, この難問を解決するための仮説は, ほとんどが推測にもとづいたものであった. しかし, 2011 年当時までには分類学的に多様な生物のゲノムデータが増え, このデータを用いて進化・系統解析するための適切な手法が利用できるようになってきたので, 今や過去の諸説を検証し, より良い理論を確立する時期にきている.

　そこで, エッテマらは当時開発された, いくつかの系統解析ア

ルゴリズムと進化モデルを用いて 2011 年までに報告されていた
さまざまな系統樹を再検討すると，クレンアーキオータ（Crenar-
chaeota），タウムアーキオータ（Thaumarchaeota），コルアーキ
オータ（Korarchaeota），および当時新たに提案されたアイグアー
キオータ（Aigarchaeota）門を 1 つの古細菌のまとまりとして捉え
ることが正しいと判断し，これら 4 つの門を包括する **TACK 上門**
を提起した．のみならず，エッテマらはこのグループのなかから
真核生物が誕生したという大胆なシナリオを発表したのであった
（Guy & Ettema, 2011）．

5.3　真核生物に固有のタンパク質 (ESPs) による系統解析

　次第に明らかになった古細菌のゲノムをつぶさに比較，検討して
みると，真核生物に固有と考えられていたタンパク質（ESPs）の遺
伝子の多くが各古細菌系統のゲノムにパッチ状に保持されているこ
とが明らかになってきたので，エッテマらはこれを手がかりに系統
間比較を行った．各古細菌系統を系統樹の配置に従って左側に縦に
並べ，古細菌の各系統（種）が，上段横に並べられたいくつかの**真
核生物固有タンパク質の遺伝子（ESPs）**をそのゲノムのなかに含ん
でいるか否かを星取表のように表したのが**図 5.3** である．

　破線で囲まれた TACK 上門の諸系統が真核生物固有遺伝子を高
い頻度で保持していることは明らかで，これは「真核細胞の生みの
親」である古細菌が TACK 上門のなかから出現したというシナリ
オによく合致する．

　このように，最近の高度な進化モデルを用いた系統解析では，真
核生物固有（と考えられていた）タンパク質の遺伝子（ESPs）をど
れだけ各古細菌の系統が保存しているかということを真核生物との
近縁性の尺度に用い，真核生物と古細菌各グループの系統関係を研

188

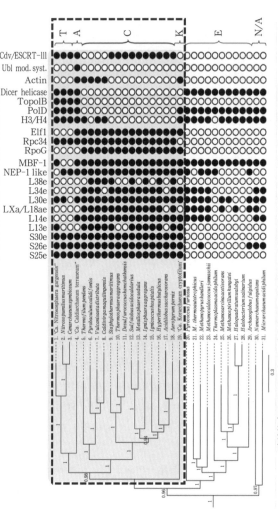

破線枠内は TACK 上門. (a) 翻訳, (b) 転写, (c)DNA のパッケージング, 複製, 修復.
(d) 細胞形態決定, (e) タンパク質の再生利用, (f) 細胞分裂 / 小胞形成

図 5.3 真核生物固有遺伝子のオーソログの古細菌系統樹上の分布
Guy & Ettema (2011) より引用.

究することが盛んに行われてきた．例えば，イギリスのサイモン・コックス（Cymon Cox）らは真核生物の DNA 複製やその転写，翻訳に関わる 53 の遺伝子を 3 つのドメインにわたって比較解析することにより，それまでに提唱されていた真核生物の起源に関する諸仮説の相対的適合度を比較した結果，古細菌の単系統説や 3 ドメイン系統樹説よりも，むしろエオサイト説にもとづく系統樹の形が支持されたと結論づけ，真核生物を系統樹のなかでクレンアーキオータの姉妹クレードとして位置づけた（Cox *et al*., 2008）．さらに，系統解析法を慎重に検討しながら系統樹の比較を行ったピーター・フォスター（Peter Foster）らもクレンアーキオータとタウムアーキオータの姉妹クレードとして真核生物を位置づけている（Foster *et al*., 2009）．つまり，これらの報告は真核細胞が TACK 上門の古細菌中から出現したというエッテマらのシナリオを支持しているのだ．

　特にエッテマらは TACK 上門の構成メンバーの一つ，アイグアーキオータの *Caldiarchaeum* が真核生物型のユビキチン（Ubl）修飾システムの 5 つの構成要素をコードする遺伝子群をすべてもっていたという事実を重視し，真核細胞の親となった古細菌には既に真核型 Ubl 修飾システムが存在していたと考えた．また，彼らは真核生物の細胞骨格の一つ，アクチンフィラメントの構成タンパク質アクチンのオーソログ遺伝子がクレンアーキア目の Thermoproteales とコルアーキオータの一種，*Ca*. Korarchaeum cryptofilum から発見されたことに着目し，彼らが提唱した TACK 上門が真核生物と近い関係にあることの根拠としている．

　Thermoproteales で発見されたこのアクチン遺伝子のオーソログは「**クレンアクチン**」の遺伝子と呼ばれている．古細菌のなかでも細胞の形が棒状の Thermoproteales と糸状の *Korarchaeum* のすべてのメンバーからこのクレンアクチンの遺伝子が確認されてい

るが，細胞の形が球状の種からはクレンアクチンの遺伝子は発見されておらず，このタンパク質クレンアクチンが細胞の形状決定に深い関係があることが示唆される．

エッテマらがクレンアクチンに注目したのは当然で，アクチン（クレンアクチン）は真核生物誕生後の初期段階で重要な役割を果たしたことが想定されている．アクチンベースの細胞骨格は，真核細胞に原始的な貪食能力を賦与し，膜の突起を形成する能力を支えていたのかもしれない．ある段階では，この原始的な食作用の装置が，真核細胞の形成にとって重要なステップであるミトコンドリアの祖先との融合の際に主要な役割を演じていたに違いないからである．真核細胞に固有と考えられていたタンパク質の多くは，古細菌から受け継いだものらしく，現存する TACK 系統の古細菌には，そのようなタンパク質が断片的（パッチ状）に保存されている．例えば古細菌の一種，*Ca*. Caldiarchaeum subterraneum は，複数の真核生物の特徴的タンパク質（アクチン，ESCRT，Ubl を介したタンパク質修飾システム）をすべて備えているが，一方で他の古細菌系統で保存されている真核生物の固有タンパク質のいくつか（リボソームタンパク質のいくつかと RpoG）を欠いている．このように真核細胞に固有と考えられていたタンパク質の古細菌系統内での保存パターンはパッチ状である．これをどのように解釈するべきだろうか．

1つの可能性は，真核生物の祖先となった古細菌は現在古細菌のいくつかの系統内にパッチ状に散在しているすべての「真核生物の特徴的タンパク質」を備えていたが，その時代は長くは続かず，その後各古細菌系統に分岐していくなかで，それぞれ固有の退行的進化を遂げて「真核生物に特徴的なタンパク質」のいくつかを失い，現在の古細菌になったという考えである．ただし，すべての古細菌

系統が「真核生物に伝えられたタンパク質」を部分的に退化させた
わけではなく，その大部分を今も保存している古細菌系統が今後見
つかる可能性も否定できないと，エッテマらは慎重な意見を述べて
いる．しかし，後述するように，そんな古細菌系統が実在すること
をエッテマ自身が確認することになるのだ．

　古細菌と真核生物の間には，細胞や組織の複雑さの点で大きな隔
たりがあり，進化論的な観点から両者を同じ基準で比較することは
難しいと考えられていた．しかし，ウーズが開拓した 16S rRNA の
塩基配列にもとづく系統解析はその難問を見事に克服し，さらに，
それまで真核生物に特徴的であると考えられていたタンパク質が古
細菌の多くの系統で発見されるに至って，古細菌と真核生物の間の
ギャップは確実に埋められ始めている．

バチアーキオータ (Bathyarchaeota)

　インディアナ大学のノーマン・ペイスのチームは，1996 年にイ
エローストーン国立公園の温泉から採取した試料から，培養を経な
いで直接 16S rRNA などの遺伝子（rDNA）を抽出・同定して系統解
析を実施することにより，多くの新しい古細菌を発見し，そのなか
のあるグループを超好熱性のクレンアーキオータとは異なる系統
であるとしてコルアーキオータ門として提唱したことは上に述べ
た通りである．このとき発見された未培養の系統のあるものはコル
アーキオータのグループからは漏れたが，その後深海の海底沈殿物
から豊富に検出され，クレンアーキオータとの系統関係の近さが予
想されたため，Miscellaneous Crenarchaeotic Group（雑多なクレ
ンアーキオータに近いグループ，MCG）と呼ばれるようになる．そ
して，環境試料を対象とした微生物多様性調査の結果，**MCG 古細
菌群**が海洋堆積物中に広く存在していることが発見された．しか

し，その後もこれらの古細菌群が環境中でどのような働きをしているかは不明のままであった．MCG 古細菌は陸上・海洋，高温・低温，表層・地下環境など多様な生息環境に生息しているグループで，"Miscellaneous（雑多）" という言葉に象徴されるように分類の困難な古細菌であったためだろう，何人かの研究者によりさまざまにサブグループを設けて整理が試みられたが，統一した見解は得られていなかった．

　一方でこの仲間は（1）世界的に分布し，（2）海底の堆積物生物圏で最も豊富なグループの一つであり，（3）深海生物圏で最も活発なグループの一つであることなどが明らかにされ，生物地球化学的循環の重要な担い手であることが予想され注目されるようになっていた．上海交通大学のメン（Jun Meng）らはこの古細菌のグループに着目し，ゲノム解析や集積培養を駆使して MCG のあるものはリグニンや芳香族化合物を分解する能力があることを推定し，基質添加後の標的遺伝子を解析する方法でその能力の確認を行っている．またあるクローンはバクテリオクロロフィル a 合成酵素の遺伝子をもっていることが明らかにされ，この MCG 古細菌の優れた環境適応力の一面が浮き彫りにされた．さらに系統解析の結果からメンらは MCG はクレンアーキオータではなく，タウムアーキオータやアイグアーキオータと進化の早い段階で枝分かれした系統であることを確認した上で「**バチアーキオータ**（Bathyarchaeota）」と命名し，新しい門とした（Meng *et al.*, 2014）．

小さな古細菌，Nanoarchaeota の発見

　ドイツのレーゲンスブルク大学のカール・ステッター（Karl Stetter）の研究室では熱水噴出孔から分離した超好熱古細菌クレンアーキオータの一種，*Ignicoccus hospitalis* を培養していた

ところ，*Ignicoccus* に小さな（直径約 0.4 μm）古細菌細胞が付着し
ているのを見つけ，*Nanoarchaeum equitans* と名付けた（Huber
et al., 2002）．この古細菌は PCR 反応を使う環境ゲノミクスの方
法では検出できない新しい超高熱性の古細菌で，わずか 0.49 Mb と
既知のゲノムのなかで最小のゲノムを保有していた．ゲノムの内
容を解析したところ，脂質，補酵素，アミノ酸，ヌクレオチドの
生合成遺伝子など多くの必須遺伝子を欠くことから，この古細菌
は絶対（偏性）共生生物であり，必須分子を宿主の *I. hospitalis*
に依存していることが示唆された．実際，*N. equitans* だけでは
いかに栄養分を工夫した培地を与えても増殖せず，*I. hospitalis*
と共培養したときだけうまく増殖した．つまり，*N. equitans* と
Ignicoccus の共生関係は寄生的である（Waters *et al.*, 2003）．そ
のリボソームタンパク質を用いて既存の古細菌系統との関係を調
べたところ，対応する系統はなく，新しい門として**ナノアーキオー
タ**（**Nanoarchaeota**）が設けられ，*N. equitans* はこの門に配置さ
れた．

酸性環境に生息する微小古細菌 ARMAN

　ナノアーキの発見から 3 年後，テキサス大学海洋研究所のブレッ
ト・ベイカー（Brett Baker）らは，カリフォルニア州リッチモンド
鉱山内の pH 0.5〜1.5 の強酸性の鉱山廃液を使ってメタゲノム解析
したところ，珍しい 16S rRNA やタンパク質をコードする遺伝子を
含む多くの DNA 断片を得て，これら断片から仮想微生物のドラフ
トゲノムを再構築した（Baker *et al.*, 2006）．さらにこの 16S rRNA に
特異的な蛍光標識したプローブを作成して観察したところ，0.45 μm
より小さいサイズの分画にはこの仮想された微生物が優占していた
ので，それらを透過型の電子顕微鏡で観察すると，大部分の細胞は

細胞膜の一部が異常に接着して外部に突き出た部位を 1〜2 個もっていた.

　それ以後もメタゲノム解析により未培養の超小型細胞（直径 0.5 μm 未満）が，さまざまな酸性生態系で検出されている．ベイカーらは環境試料とバイオフィルムから，ARMAN（archaeal Richmond Mine acidophilic nanoorganisms）と名付けた 3 系統の約 1 MB の複合ゲノムを再構築した（Baker *et al.*, 2010）．これらの **ARMAN 古細菌**のゲノムが小さいことを考えると，彼らも他の古細菌と共生している可能性が高い．事実，ユーリアーキオータ門 Thermoplasmatales 目の古細菌の細胞から伸びた突起が小型の ARMAN 古細菌の細胞壁や細胞質膜を貫いていて，ARMAN の側も内部にチューブ状の膜結合構造をもつ様子が，極低温クライオ電子線トモグラフィー法による 3 次元像として捉えられている（**図 5.4**; Comolli *et al.*, 2009）．その関係の詳細は明らかでないが，2 種以上の古細菌が共生している姿には違いない.

南極の塩水から分離された Nanohaloarchaeota

　南極の塩分の多い水環境から *Ca.* Nanohaloarchaeum antarcticus という直径が 0.6 μm の小型の古細菌が分離されているが，ゲノムサイズが約 1.2 Mb と小さく，生存のために高度好塩性のユーリアーキオータ *Halorubrum lacusprofundi* との共生が営まれているようだ．この微小古細菌は新設の門「**ナノハロアーキオータ**（Nanohaloarchaeota）」に分類されている．ナノアーキアの発見以来，それまで 16S rRNA 遺伝子にもとづく環境ゲノミクスが見逃してきた多くの古細菌が発見されている．それらを広い視野から再検討し，相互の系統関係を中心にまとめたのは当時アメリカエネルギー省の合同ゲノム研究所にいた**クリスチャン・リンケ**（Christian

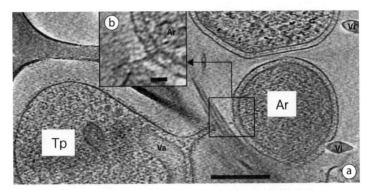

図 5.4　ARMAN 古細菌と Thermoplasmatales 目古細菌の共生
(a) 右側の ARMAN 細胞（Ar）と左側の Thermoplasmatales 系統の細胞（Tp）の相互
作用を示す低温電子断層像．(b) Thermoplasmatales 細胞から伸びた突起の細い先端
が ARMAN の細胞壁を貫通している様子を示す．Comolli *et al.*（2009）より引用し，
改変．

Rinke）らであった（Rinke *et al.*, 2013）．彼らが用いた方法は環境
試料から直接採取した 1 個の細胞の DNA を増幅し，塩基配列を決
定する「シングルセルゲノミクス法」だ．この方法は 16S rRNA 遺
伝子にもとづく環境ゲノミクスの方法の補完的な手段として用いら
れていたが，特に 16S rRNA 遺伝子にもとづく方法では捉えきれな
いいくつかのメンバーには有効であった．

　リンケらは，この方法を用いて，培養ができていない 20 以上
の主要な古細菌とバクテリア系統から 200 以上の種の細胞を選
び，それらのドラフトゲノムを復元し系統解析に用いることに
より，(1) これまでの rRNA にもとづく解析で定義されたそれぞ
れの門が単系統群として有効であることを確認し，(2) 単一の遺
伝子にもとづく解析ではできなかった古細菌の門の間の多くの
関連性を明らかにし，古細菌と真正細菌とをカバーする系統樹を
発表している．真正細菌についてもいくつかの重要な提言をして

いるが，古細菌については当時次々に報告されていた 8 種ほど
の非常に小さな細胞の古細菌種のゲノム配列を系統解析した上
で，既に報告されていた *Nanohaloarchaeum antarcticus* などの
種も合わせて Diapherotrites, Parvarchaeota, Aenigmarchaeota,
Nanoarchaeota, と Nanohaloarchaeota の 5 つの門に整理統合し
た．これらの系統は，細胞やゲノムのサイズが小さいことが特徴で
あり，古細菌の系統樹では，よく知られていたナノアーキオータ
と合わせて単系統群を形成し，これら 5 つの門の頭文字をとって
DPANN という識別名を与え，上門として提案した．

　以上見てきたように，これまで世界的に繰り広げられてきた古細
菌探索レースにおいて，その 16S rRNA の遺伝子の形が他の古細菌
と異なるため探索の網目から漏れていた，多くの小型でゲノムサイ
ズも小さい古細菌群 **DPANN 上門**の存在が明らかになった．それ
らの多くは他の古細菌や真正細菌との共生を必須条件とする偏性共
生（寄生）生物で，ゲノムを調べると外来の遺伝要素を取り込む能
力を示す新奇な代謝特性を数多くもっているという (Rinke *et al.*,
2013)．

　さまざまな環境試料から直接 16S rRNA のゲノムを抽出し解析
を行うメタゲノミクスや，環境試料から直接採取した単一細胞の
DNA を増幅し，塩基配列を決定するシングルセルゲノミクスは種
の同定を行うのに培養を経る必要がないので，それまで培養が困
難であるため見逃されてきた多数の細菌（バクテリア）や古細菌
（アーキア）の発見を可能にし，それら多様な微生物間の系統関係
を明らかにしてきた．ウーズが古細菌の存在を明らかにした 1970
年代ごろには，古細菌は高い塩濃度や，高温，強酸，強アルカリと
いった他の真核生物や真正細菌が棲めないような極限環境に生息す
るものと考えられていたが，これら環境ゲノミクスの発展は古細菌

が通常の土壌や海水，淡水などに普遍的に生息していることを明らかにし，われわれの「古細菌」に対する概念を根本的に変えた．

　しかし，読者はもう気づいておられるだろうか．古細菌の普遍性が明らかになってからも培養を介さぬメタゲノミクスを用いた研究の多くはその焦点を海洋の，しかも深海の堆積物に向けてきたことを．その理由は明らかだ．それまで培養が困難なためアクセスすることができなかった無尽蔵な可能性を秘めた微生物，特に古細菌の発見に向けて世界中の科学者が環境メタゲノミクスを駆使して，一斉に探索に乗り出したのも，第一の理由は原核生物と真核生物の系統関係をつなぐ未知の微生物を発見するためであったからだ．そして，このような未知の古細菌探索のレースに科学者を駆り立てた動機の裏には，真核生物はある系統の古細菌が真正細菌の α プロテオバクテリアを細胞内に共生させることにより誕生したというコンセンサスがある．そして，この真核生物の直接の親ともいうべき古細菌としてレイクはエオサイト（クレンアーキオータ）を候補に挙げたが（Lake *et al.*, 1984），その後，さまざまな研究の曲折のあとにガイ・ライオネル（Guy Lionel）とエッテマによりクレンアーキオータも含めた TACK 上門のなかから真核生物は生まれたという考えが提唱された（Guy & Ettema, 2011）．彼らの説が広く受け入れられたのは，彼らが論拠としたのが 16S rRNA 遺伝子（rDNA）の情報だけではなく，真核生物にのみ存在すると考えられていたタンパク質をコードする遺伝子が，TACK 古細菌の多くの種の間にパッチ状に保存されているという事実があったからだ（図5.3）．真核生物の出自探索のカギを握るとも言える TACK 古細菌はその多くが海洋から採取されている．そしてまた，海底下環境は地球上の原核生物バイオマスの最大の貯蔵庫の一つであり，地球上の全原核生物の約 9.1〜31.5 % を保有しているという報告もある（Kallmeyer *et al.*, 2012). 研究者の目が海洋に，そしてなかんずく海洋底の堆積物に向けられたのは当然であった．その点，わが国の海洋微生物学者が 1990 年代から探索の標的を海底熱水噴出孔周辺に絞っていたのは卓見だったと言えるだろう．

雑多なクレンアーキオータ様古細菌群である MCG が「バチアーキオータ」と命名される前に世界各地のさまざまな種類の海洋堆積物や微生物マットを対象に MCG の現地での検出および定量を行った研究チームがある．彼らは MCG（球菌，0.4l μm）の存在量は，無酸素，低エネルギー環境では他の古細菌と比較して最も多かったと報告している（Kubo *et al.*, 2012）．また，彼らが実地に調査した地点での堆積物中の 16S rRNA 量にもとづく原核生物全体（古細菌およびバクテリア）に占める古細菌の割合は 0.7〜86.7% と幅があるが，北海の海底表層の堆積物を除いて，いずれの場所でも古細菌の占める割合の方がバクテリアのそれよりも高かった．

またそれら古細菌群集のなかでの MCG と未同定の種の割合を比べると，MCG も高い割合を示しているが，大部分の堆積物で未同定種の割合の方が MCG の割合よりも大きく，海底堆積物中には未知の古細菌がまだまだたくさん潜んでいることが示唆された（**図 5.5**）．

さらに，ペルー沖やオホーツク海，南海トラフ，地中海などの海底堆積物を調査した研究者たちの研究結果にも海底堆積物中の古細菌群集のなかで 20〜90% をバチアーキオータ（MCG）が占めることが報告されており，海底堆積物のなかにはバチアーキオータをはじめとする豊かな古細菌群集が存在している事実が示された．

このような海底堆積物，特に熱水噴出孔周辺の堆積物中の微生物相の研究の重要性に日本の海洋微生物学者が早くから注目し研究を進めていたことは既に述べた．しかし，このような特殊でアクセス困難な生態系の微生物相の研究の重要性を世界が再認識するにはさ

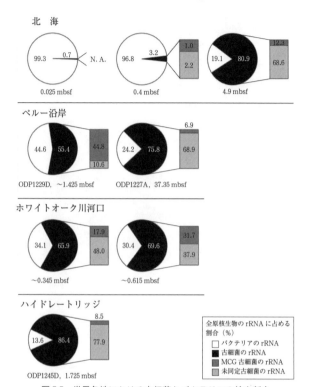

図 5.5　世界各地における古細菌とバクテリアの検出割合

世界各地の海洋堆積物や微生物マットにおける古細菌とバクテリアの検出割合と古細菌のなかでの MCG と未同定種の割合．ハイドレートリッジは，沈み込む海洋プレートから削り取られた堆積物でできた付加体ハイドレート層である．この層では，メタンが閉じ込められており，また，ハイドレート海嶺には，メタンを主成分とする底生微生物群集が生息している．場所はオレゴン沿岸から 100 km 沖．Kubo *et al.*（2012）より引用し，改変．

らに 15 年以上の時間が必要であった．

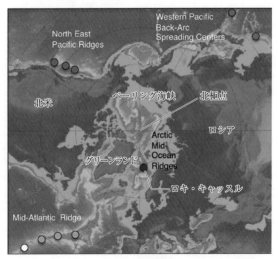

図5.6 ロキ・キャッスルの位置
Pedersen *et al.* (2010) より引用. → 口絵 13

5.4 アスガルド上門：真核生物の祖先か？

北極海の熱水噴出孔域で

2008 年, ノルウェーのベルゲン大学のロルフ・ペデルセン (Rolf Pedersen) たちのグループは北極海中央海嶺で「ロキ・キャッスル (Loki's Castle)」と呼ばれる熱水噴出域を発見し（**図 5.6**）, 研究試料の採取を実施し, さらにその後続けて 2 年同じ場所を訪れて試料採取を繰り返した. この場所には 310〜320℃ の黒い熱水を活発に噴出するチムニーが 4 つあり, **ブラックスモーカー**（図 2.6 a）と呼ばれているが, ペデルセンらはここに生息する動物相を中心に調査した (Pedersen *et al.*, 2010). その後, 同じくベルゲン大学の**ステッフェン・ジョルゲンセン** (Steffen Jorgensen) は大学内のメンバーやポルトガル, スイス, オーストリアの研究者とともに同じ熱

水噴出域を訪れ，海底堆積物をサンプルして，そのなかに含まれる微生物をメタゲノム解析法により検出，同定し，微生物の多様性を調査した（Jorgensen *et al.*, 2013）．その結果，**Deep Sea Archaeal Group**（**DSAG**）と呼ばれる古細菌の一群を調査地内のさまざまなところから検出した．この仲間は3つの系統からなり有機炭素と密接な関係があり，鉄やマンガンの循環に関わっていることが示唆された．ジョルゲンセンを中心にしたこの調査隊が採取した堆積物のコア試料の一部は，微生物の系統解析や進化の分野で活躍していたスウェーデン，ウプサラ大学のエッテマのグループに委ねられ，さらに詳細な分析が進められた．ウプサラ大学チームの一員，**アーニャ・スパング**（Anja Spang）らはコア試料中に多くの**DSAG**の配列を見いだし，そのうち3つのグループのドラフトゲノム（全ゲノムの概要）の解読に成功した．これらの未知の古細菌群は発見地である海底熱水噴出水域の名前，ロキ・キャッスルにちなんで「**ロキアーキオータ門**」が与えられた（Spang *et al.*, 2015）．なお，この「**ロキ**」という名称は北欧神話に登場する神の名前で，この後発見される新しい関連古細菌にも，同様に北欧神話のなかの神の名前をつけるという習わしができた．

　スパングらは保存された36個の系統マーカータンパク質からなる連結配列を最尤法とベイズ推定法の両方で解析し，その結果，DSAG と DSAG 関連古細菌（以下，ロキアーキオータ門）は単系統を構成し，TACK 上門に含まれ，他の古細菌とは進化の早い時期に分岐した古いクレード（単系統）を形成していることを明らかにした．しかも，興味深いことに，これら TACK 上門の系統解析に真核生物のゲノム情報も含めて解析すると，真核生物がロキアーキオータ門の内部に収まることが明らかになった（**図5.7**）．スパングらによる論文の数年前に，ウプサラ大学のチームは真核生物が

202

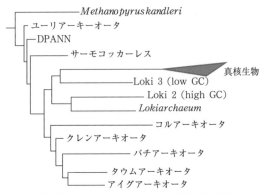

図5.7 各古細菌系統に保存されたマーカータンパク質36種を連結したベイズ系統樹
真核生物がロキアーキオータ内で分岐していることを示している. Spang *et al.* (2015)
より引用し, 改変.

TACK上門のなかから生まれたことを明らかにしていたが (Guy &
Ettema, 2011), まさか, 真核生物の誕生をもたらす系統がこのよ
うなかたちで明確になるとは想像していなかっただろう.

　つまり, この解析結果は真核生物が**ロキアーキオータ**から進化し
たことを強く示唆している. ほぼすべてのゲノムが解読できた1つ
のロキアーキオータ系統の情報から, ロキアーキオータはこれまで
TACK上門のさまざまな系統で見つかっていたアクチンや, 膜修
復をはじめとする真核生物に固有と考えられていた多くの重要な遺
伝子 (eukaryotic signature proteins, ESPs) をすべて含んでいた
のだ. また, これまで古細菌のなかで判明していたなかで真核生物
のリボソームに最もよく似たリボソームをもっていることも明らか
になった. これらのことを総括すると, エッテマがその可能性を予
想していたように, 真核生物の祖先となった古細菌はそれまで考え
られていたよりもずっと複雑な細胞構造をもっていたことが想定さ

れるようになった．そして，真核生物がいつ誕生したのか推定した
り，その過程で起こった重要な出来事について推定したりすること
が可能になった．例えば，膜の再構築や小胞による物質輸送をつか
さどる遺伝子がこのアーキアには含まれており，細胞内の複雑さは
ミトコンドリアを細胞内共生で獲得する以前に成立していたことが
裏付けられたのである．つまり，真核生物の祖先古細菌が既に活性
のあるアクチンからなる細胞骨格をもち，そのことにより細胞膜の
陥入が可能になったので貪食作用を行うことができるようになり，
ミトコンドリアの祖先を細胞内に取り込めたのだろう．つまり，メ
タゲノムから再構成されたドラフトゲノムを解析するという新しい
方法を駆使することにより，培養の難しさのためこれまで検出がで
きなかった多くの古細菌が検出できるようになっただけではなく，
そのなかに真核生物に極めて近縁な系統ロキアーキオータが見つ
かり，そのゲノム解析からロキアーキオータと真核生物の共通祖先
に関する具体的な姿を想定することが可能になってきたのだ．しか
し，これらの推測は，堆積物のコア試料からメタゲノミクス法によ
り得られた3つのロキアーキオータ種のうち，ゲノム全体を読み取
れた1つの系統のデータだけにもとづいているため，予備的なもの
である．ロキアーキオータに系統的に近い古細菌をさらに求め，そ
れらのゲノムも併せて研究することにより真核生物の起源と初期進
化を説明する情報を集めることが次のステップとして必要となった．

　新しく発見されたロキアーキオータのゲノムがほぼ完全に解明さ
れることにより，この古細菌が真核生物に最も近い系統だというこ
とが明らかになると，世界中の微生物学者の目はこの系統の古細菌
探しに向けられるようになる．既にロキアーキオータの1種の全ゲ
ノムが解明されているから，その近縁種であることの確認は容易に
なっている．

スパングらの論文が発表された翌年の 2016 年には，テキサス大学のチームがノースカロライナのホワイトオークリバーの河口堆積物から採取した試料から古細菌を発見し，**トールアーキオータ**（Thorarchaeota）と名付けた（Seitz *et al*., 2016）．メタゲノム配列からほぼ完全なドラフトゲノムを再構成し，この系統がタンパク質を分解して醋酸を生産したり，硫黄循環に一定の役割を果たしたりしていることを明らかにし，河口に発達する沈殿物生態系におけるこの新規古細菌の重要性を報告した．さらに，彼らが実施したメタゲノム配列の再構成によって判明したほぼ完全なゲノムは，この古細菌群がロキアーキオータに近縁な種であることを明らかにし，これら系統の古細菌の重要性を訴えることになった．なお，この新たに発見された古細菌に与えられた「トール」という名称も北欧神話の神の名前である．

ウプサラ大学のチームもロキアーキオータに近縁な種を求めて新たな研究を展開する．彼らは，生物学的および化学的特性がはっきり異なり，しかも地理的に離れた次の 7 つの地点，イエローストーン国立公園，ロキ・キャッスル（前出），オーフス湾，コロラド川周辺の帯水層，ラジアータプール，竹富島熱水噴出孔，ホワイトオークリバー河口から水中堆積物を採取した．すべてのサンプルから DNA を抽出し，配列を決定し，そのなかから 15 のリボソームタンパク質の遺伝子のうち 6 遺伝子を含む読み取り部分を使って系統解析することにより，これまでに報告されているロキアーキオータやトールアーキオータの他に，これらに比較的近縁な古細菌の系統，**オーディンアーキオータ**（Odinarchaeota）をイエローストーンとラジアータプールの温泉から，そして，**ハイムダールアーキオータ**（Heimdallarchaeota）をロキ・キャッスルとオーフス湾の海底堆積物から検出した．これら 2 つの古細菌系統はいずれも「門」に相

当するが，いずれもそれまでに報告されていた2つの例に倣って，北欧神話の神々の名をつけ，合わせて4つの古細菌の門を包括するクレード「上門」にはやはり北欧神話に出てくる「神々が住む領域」の名称から「**アスガルド**」を充てた（Zaremba-Niedzwiedzka *et al*., 2017）.

さて，これまでに多数の古細菌の名前が出てきて，それらの間の系統関係はどうなっているのだろう，と読者の皆さんを混乱させたかもしれない．そこで，2017〜2018年ごろの比較的新しい系統樹を紹介してみよう（**図5.8**）．本文中によく名前が出てきた古細菌は四角い枠で囲んで，わかりやすく日本語表示にしてある．アスガルド上門の古細菌が真核生物のすぐ近くに配置されていることに注意願いたい．

こうしてできた新しい**アスガルド上門**を際立たせたのは，この上門の古細菌が真核生物に極めて近縁だという点だ．以前にウプサラ大学の同じチームがタウムアーキオータ，アイグアーキオータ，クレンアーキオータ，コルアーキオータのグループのなかから真核生物が誕生したというシナリオを発表し，これらを包括するクレードとしてTACK上門を提起した（Guy & Ettema, 2011）．このTACK上門よりアスガルド上門の古細菌がさらに真核生物に系統的に近い関係にあることを示すため，アスガルド上門の4つの系統（門）それぞれのゲノム上に保存された真核生物固有（と考えられていた）タンパク質（**eukaryotic signature proteins**, **ESPs**）を同定し，その保持状態をそれまで最も真核生物と近縁であると考えられていたTACK上門の各系統と比較した（Eme *et al*., 2017）．ここで取り上げられたESPsは，いくつかの細胞骨格構成要素（アクチンのホモログ，ゲルソリンドメインタンパク質）とESCRT複合体タンパク質（ESCRT–I, –II, –IIIの構成要素）である．また真核生物の細

206

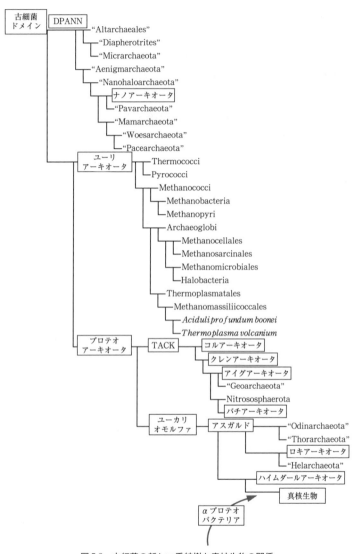

図5.8 古細菌の新しい系統樹と真核生物の関係

https://en.wikipedia.org/wiki/Archaea より引用し，改変.

胞では，細胞骨格の再構築，シグナル伝達，核細胞質輸送と小胞輸送などさまざまな制御過程で働いている多種類の小さな GTPase タンパク質などである．

図5.9 はアスガルド上門の各古細菌が TACK 上門のメンバーに比べてさらに多くの ESPs を保存していることを明示しており，アスガルド上門の古細菌が真核生物と近縁であることを納得させる．さらに，彼らはアスガルド上門のなかの各門について，ほぼ完全な分別ゲノムを再構築し，同定された 16S rRNA 遺伝子を解析した結果，アスガルド古細菌はさまざまな嫌気性環境の堆積物中に存在することが明らかになった．そのなかでは，ロキアーキオータは海洋堆積物に比較的多量に存在し，これとは対照的に，ハイムダールアーキオータ，オーディンアーキオータ，トールアーキオータは環境中には存在量の少ない群集メンバーであることが推定された．また，オーディンアーキオータは高温環境に限定的に生息する超好熱菌であることが示唆された．

このようにエッテマに率いられたウプサラ大学のチームは，古細菌のそれぞれの系統の関係を明らかにするため慎重に分類群および遺伝子マーカーを選び系統解析を実施した．そして，アスガルド古細菌という新たな上門を提案し，そこに4つの門，ロキ，トール，オーディン，ハイムダールを配置したことは上に述べた通りだが，その過程で系統解析のために再構築したアスガルド古細菌のゲノムのなかに真核生物に特徴的なタンパク質（ESPs）の多くをコードする遺伝子が含まれていたことを明らかにし，それら個々のタンパク質が果たす役割を推測することにより，これらアスガルド古細菌の生理や生態の一端を明らかにしようとした（Spang *et al*., 2015）．

このような彼らの研究結果は，生命の系統樹概念を2分してきた2ドメイン説と3ドメイン説のうち，2ドメイン説（かつてのエオ

208

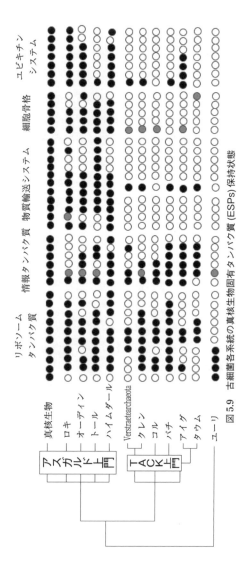

図 5.9　古細菌各系統の真核生物固有タンパク質 (ESPs) 保持状態
Eme *et al.* (2017) より引用し、改変.

サイト説）を強く支持するものとなった．また，真核生物誕生の原動力として「共生シナリオ」の妥当性を補強するものでもあった．例えば，アスガルド古細菌のメンバーは，現代の真核生物で観察されるよりもはるかに原始的なレベルではあるが，細胞の膜を曲げ，内部小胞を形成し輸送する能力をもっていた可能性がある．また，アスガルド古細菌が細胞骨格機能や小胞形成・輸送に関与する真核生物タンパク質のホモログなど，真核生物の細胞複雑化の基盤となる多くの重要な構成要素を既に保持していた事実は，真核生物の誕生に先立ってその祖先となった古細菌にもこれらの遺伝子が用意されていたことを強く示唆するもので，その後細胞内に取り込まれた α プロテオバクテリアがミトコンドリアになってから始まる細胞の変化を考える上で重要な情報となる．しかしながら，真核生物の祖先が誕生したのは約 20 億年前，現在とは全く異なる地球環境での出来事である．したがって真核生物の祖先の細胞特性を推測する場合，現在生きているアスガルド古細菌のゲノム研究や細胞生物学的研究の結果を 20 億年も前に誕生した当時の真核細胞の複雑さに安易に結びつけることは避けねばなるまい．それに，ウプサラ大学チームの成果はすべてメタゲノムから推定されたシナリオだ．アスガルド上門のどの古細菌も培養されてはいないし，その姿を捉えたわけでもなかった．

パスツール研究所チームの批判

　学問の世界では時の常識をいささか揺るがす新しい考えが提示されると，大概の場合学会の重鎮と呼ばれるような人からの批判にさらされることが多い．ある程度その新しい考えがわかる人からは多くの反証を連ねた批判が突きつけられ，常識から離れているがゆえに正しく理解できない人からは無視というかたちで拒否される．

ウーズが第3の生物グループとして古細菌を提示したときも，そしてマーギュリスが連続細胞内共生説を公表したときもそんな批判の嵐にさらされたことは本書の前の方で紹介した通りである．

　スパングらウプサラ大学のグループがロキアーキオータのドラフトゲノムを解読し，他の3つのグループと合わせてアスガルド古細菌上門を提示し，このなかから真核生物が生まれたと報告したときも，世界の同業者すべてがすんなり彼らの主張を認めたわけではない．最も鋭く彼らの論文を批判したのはパスツール研究所の**フォルテール**のチームだろう．彼らはウプサラ大学のチームの結果を検証するためにロキアーキオータのゲノムデータセットを当のエッテマやガイから譲り受け，そこに彼らが必要と考えた RNA ポリメラーゼのデータなどを加えて解析を行った．また，解析に含めるユニバーサルマーカー（ESPs など）や古細菌の系統の選択が結果として得られる系統関係に決定的な影響を与えることに留意して，系統解析に不適と考えた DPANN 古細菌やコルアーキオータのデータを除くなどの処理をして解析を進めた．その結果，「ロキアーキオータとその近縁のアスガルド古細菌は，真核生物と近縁ではなく，ユーリアーキオータ古細菌の姉妹グループである」ことが示唆された．そこで，RNA ポリメラーゼのようないくつかのマーカーを使った系統解析から得られた従来の3ドメイン説を支持するという結果も併せて38ページにわたる徹底した批判論文を**ヴィオレ・ダ・クーニャ**（Violette Da Cunha）を筆頭著者として PLoS 誌上に発表した（Da Cunha *et al*., 2017）．しかもそのタイトルは「ロキアーキオータはユーリアーキオータに近縁で，原核生物と真核生物の溝を埋めるものではない」とスパングらの論文タイトル「原核生物と真核生物の溝を埋める複雑な古細菌」を皮肉っぽく否定するもので，いささか感情的にすぎるものであった．

ウプサラチームの反論

　このように自らの研究結果を真っ向から否定されたウプサラ大学チームは，すぐさま反論を発表せざるを得なかったであろう．ダ・クーニャらの論文が発表された翌年の 2018 年にスパングらは以下のような論旨の反論 (Spang *et al*., 2018) を同じ PLoS 誌上に展開する．

　2015 年の論文で，スパングらは，*Lokiarchaeum* (Loki 1) とその関連系統 (Loki 2, Loki 3, 現在はそれぞれ Heimdallarchaeota LC 2, LC 3 と改められる) の発見を報告した．そして，これらをアスガルド古細菌上門に包括し，TACK 古細菌上門の姉妹クレードとして位置づけ，広範な系統学的証拠にもとづきアスガルド古細菌のなかから真核生物が出現したという仮説を公表した．さらにこの過程で得た *Lokiarchaeum* のドラフトゲノムから，この古細菌のゲノムには他のどの古細菌系統よりも多くの真核生物シグネチャータンパク質 (ESPs) が存在することを明らかにしたのだった．このような報告に対してダ・クーニャらが挙げた 3 つの批判点について，スパングらはそれぞれ批判の論拠の間違いを指摘して反論している．また，ダ・クーニャらが検証のために行った研究のほとんどは，スパングらが最初に発表した *Lokiarchaeum* のゲノム情報だけにもとづいており，その後発表した多様なアスガルド古細菌からの追加メタゲノム情報は無視していると批判している．また，現在入手可能なアスガルドゲノムは，5 つの異なるサンプルとメタゲノムに由来するが，3 つの独立した研究室がこれらをそれぞれ異なる方法で統合し，グループ化した．3 つの研究室が得たゲノムはすべて，アスガルド系統の系統学的配置，真核生物との関係，およびこれらすべてのアスガルドゲノムにおける真核生物シグネチャータンパク質 (ESPs) のそれぞれ特徴的な存在を確証していると述べ

ている．つまり，スパングらは自分達の公表した結果は既に十分検証されており，その正しさも明らかになっていると主張したのだ．そして，ダ・クーニャらは，2015 年にスパングらによって，そして 2017 年に Zaremba-Niedzwiedzka らによって導き出された結論を反証する十分な証拠を提供していないと結論づけた．

　さて，真核生物の誕生を巡る激しい研究者間のやり取りのほんの一例を紹介したが，エッテマらの結論でこの問題が一応の決着を見たかのように思えたのに，このような批判が出てくる原因は明らかだ．1 つは彼らの議論がすべてメタゲノム解析によって得られたドラフトゲノムだけにもとづいて行われている点だ．得られたドラフトゲノムの解釈に疑義が挟まれるのは致し方がないところがある．つまり，2017 年の時点ではまだアスガルド上門のいずれの系統も培養ができておらず，その生理も生態もすべてドラフトゲノム上に現れた遺伝子から推測したものであった．例えば，アスガルド上門の古細菌のドラフトゲノムに特異的に存在する細胞骨格構成要素，ESCRT 複合体タンパク質（ESCRT-I, -II, -III の構成要素）などは，真核生物の細胞では，細胞骨格の再構築，シグナル伝達，核細胞質輸送，小胞輸送などさまざまな制御過程で働いているタンパク質である．そう考えると，これらのタンパク質の遺伝子をもつアスガルド上門の古細菌は既に十分に複雑な細胞構造をもち，細胞壁を変形させて食作用（エンドサイトーシス）を行うような細胞になっていたと想像したくなるが，果たしてこのような推測が正しいのだろうか．また，その生理については水素依存性嫌気性独立栄養，ペプチドまたは短鎖炭化水素依存性有機栄養，ロドプシン依存性光栄養など多様な生理特性をもつことが想定されていたが，この点は実際にはどうなのだろう．このような疑問に答えを得る方法は 1 つしかあるまい．アスガルド上門の古細菌を培養することだ．みんなそん

なことは十分承知していたが，それがなかなか達成できないでいた.

忍耐強さは日本人研究者の真骨頂

　20〜21 世紀にかけて，日本の海洋微生物学者も日本近海の深海底を中心に各地から試料を採取しメタゲノミクスを用いて新しい古細菌を探索する活発な研究を続けていた．そのような活動の一環として 2006 年 5 月に四国の南沖約 100 km に位置する細長い溝，南海トラフの深さ約 2500 m の海底から堆積物が採取され，そこに含まれる 16S rRNA 遺伝子を対象に解析が進められ，多くの未発見の古細菌が存在することが確認された．しかも堆積物中のそれら古細菌の量は多く，その環境における彼らの機能に興味が集まった.

　この点を明らかにするためにはその堆積物に含まれる古細菌を培養しなくてはならない．海洋研究開発機構と産業技術総合研究所の共同チームの**井町寛之**と**延優**はまずその嫌気性でメタンを発生する海洋深層堆積物から古細菌を分離し培養するための装置作りから仕事を始めなければならなかった．その装置は下水処理技術を参考にして設計され，深海のメタン噴出孔の条件を模倣してメタンを連続的に供給するバイオリアクターシステムである．この装置を 2000 日以上運転し（プレ濃縮），ようやく微生物を集積培養することに成功した．そこにはアスガルド古細菌群（ロキ，ハイムダール，オーディンアーキオータ）を含む，系統学的に多様な未培養微生物が含まれていた．さらに次のステップとして，バイオリアクターで得られた微生物群集を，単純な基質と基礎培地の入ったガラス管に植え替えて濃縮と分離を行い，さらに約 1 年後，カザミノ酸に抗生物質を添加した培養液に移して 20℃ で培養したところ，かすかな細胞の濁りが確認され，目的とする微生物の増殖に成功したことがわかった．この試験管内濃縮に合計 7 年間を要し，培養実験

を始めてからこの微生物増殖の成功に至るまでに実に 12 年の歳月がかかっていた.

こうして得られた培養物を対象に 16S rRNA 遺伝子解析と安定同位体プローブ実験を行ったところ, 目的とするアスガルド古細菌のロキアーキオータの他に, プロテオバクテリアの一種 *Halodesulfovibrio* やユーリアーキオータの一種 *Methanogenium* が含まれていることがわかった. 井町らはこのアスガルド古細菌を **MK-D1 株**と名付け, その遺伝子の解析より MK-D1 がアミノ酸やペプチドを分解してそのことにより生じた水素とギ酸を使って他の 2 種の微生物との間で電子伝達をしていることを発見した. MK-D1 自身はエネルギーをつくるための代謝系の遺伝子を断片的にしかもっておらず, 単独では生きていけないのだ. MK-D1 はパートナーとなるべき微生物が周囲に存在する条件下でのみよく生育することがわかってきた. そして, これらパートナー微生物もその生育に, MK-D1 から発生される水素が必要だったのだ.

さらに濃縮培養を続ける中で *Halodesulfovibrio* が除去され, MK-D1 と *Methanogenium* だけの安定した 2 員培養系が確立された. そこで, 井町らは**蛍光 in situ ハイブリダイゼーション (FISH)** と走査型電子顕微鏡 (SEM) を用いた観察を行い, 古細菌 MK-D1 の姿を捉えた. それはドラフトゲノムからアスガルド古細菌の姿をイメージしていた多くの研究者を驚かせるに十分な奇妙な姿をしていた. MK-D1 の細胞は小さな球菌 (直径約 300〜750 nm, 平均 550 nm = 0.55 μm) でそこから外に向かって触手のような突起を長く伸ばしていたのだ (**図 5.10**).

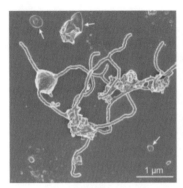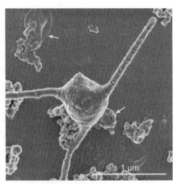

図 5.10　MK-D1 株の走査型電子顕微鏡写真
増殖が終わるころの細胞形態で，触手状の長い分岐した突起をつくる．https://www.aist.go.jp/aist_j/press_release/pr2020/pr20200116/pr20200116.html より引用．

5.5　ロキアーキオータの形態から導かれた新しい真核生物誕生モデル

　このような観察結果と，MK-D1 が他の古細菌との栄養共生により生きているという培養から得た情報から，井町らは真核生物が形成される過程について新しいシナリオを提示した．真核細胞誕生の際に働いたパートナー細胞の取り込みは MK-D1 の細胞サイズが小さく，細胞構造も未発達でエネルギー生産能力も貧弱であることなどを考え合わせると，多くの真核生物誕生シナリオで採用されている貪食（エンドサイトーシス）によって行われたとは考えがたい．MK-D1 株で観察された形態は，むしろ，宿主古細菌が細胞外構造を利用して代謝相手を包み込み，同時に将来核膜になる原始的な染色体包囲構造（核）を形成するという「E³ モデル」を提唱した（**図 5.11**; Imachi *et al*., 2020）．

　これは，entangle（からみつき），engulf（包み込み），endogenize（細胞内共生化する）model の略で，MK-D1 の特異な構造に

216

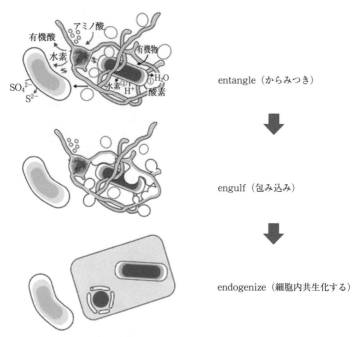

図 5.11　真核生物の誕生についての新しい仮説「E³ モデル」
https://www.aist.go.jp/aist_j/press_release/pr2020/pr20200116/pr20200116.html
より引用.

　もとづいて構築されたものだが，同じような真核生物誕生のアイデ
アをウィスコンシン大学の**デイビッド・バウム**（David Baum）らが
発表している（Baum & Baum, 2014）．多くの真核生物誕生シナリ
オでは細胞外の物を取り入れるというかたちで細胞小器官ができた
と考えられているのに対し，彼は全く逆の発想で，細胞内容物が外
部に突出して，これが外部にいる細菌を包み込み，ミトコンドリア
にすると同時に外部に突出した部分が融合して元の細胞を囲み，こ
れを核にしたと考えた（**インサイド・アウト説**，**図 5.12**）．ただバ

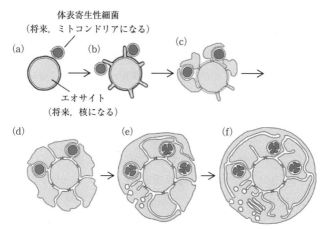

図5.12　真核生物誕生を説明するインサイド・アウト説
Baum & Baum (2014) より引用.

ウムの場合，ロキアーキオータについてはこの古細菌グループのドラフトゲノムに細胞骨格構成要素，ESCRT 複合体タンパク質（ESCRT-I, -II, -III の構成要素）などが特異的に存在するという事実に重きを置きすぎたため，真核生物に極めて近縁なロキアーキオータはエンドサイトーシスやファゴサイトーシスを利用して細胞内小胞を生成する能力を獲得したと説明し，自らがせっかく提出した新しいアイデアの適用を避けてしまった.

　一方，日本の研究チームは長い苦労の末，MK–D1（ロキアーキオータ）の培養に成功し，十分増殖した試料を用いてその形態を慎重に観察した. バウムのアイデアは参考にしただろうが，より具体的で合理的な真核生物誕生シナリオ（E³ モデル）を組み立てることができたのだ.

　彼らの研究の最大の成果は何と言ってもロキアーキオータが実在するということを証明したことだろう. 彼らが MK–D1 の培養に成

功するまではロキアーキオータに限らず，アスガルド古細菌のどの系統の情報もすべてメタゲノムから構成したゲノム情報にもとづくもので，いわば架空の世界での生物であった．しかし，日本チームの成果によってようやくアスガルド古細菌が深海底の堆積物中に実在する微生物として姿を表したのだ．また，培養株を得たことにより確実にロキアーキオータの1種のゲノム情報が得られることになった．議論につきまとっていた曖昧さは完全に払拭されたと言える．このことも今後この分野の研究の発展に大きな寄与をするだろう．

　彼らの報告に対しては大きな反響があった．スウェーデンのウプサラ大学でメタゲノム解析法を駆使して古細菌の発見や系統解析の分野で華々しい成果を上げ，現在はオランダのワーヘニンゲン大学に移ったエッテマは，「これは途方もない量の作業と忍耐を反映した記念碑的論文です」と井町らの研究を讃えている．アスガルド古細菌の培養が難しいことを理解し，なおかつその必要性を誰よりも強く感じていた彼ならではのコメントだ．さらに，「他の古細菌やバクテリアと同様，MK-D1の内部は比較的単純ですが，その外部表面には，触角のような突起が出ている．このような形になるとは誰も予想していなかったと思います．これは，まるで宇宙から来た生物のようだ」とエッテマは言う．そうなのだ．繰り返しになるが，アスガルド上門の古細菌に特異的に存在する細胞骨格構成要素の遺伝子や，ESCRT複合体タンパク質遺伝子からはおよそ想像できない姿の生き物だった．

　井町らはこのロキアーキオータ門の古細菌にMK-D1という略称をつけて呼んだが，もちろん *Prometheoarchaeum syntrophicum* という学名もつけている．属名の *Prometheoarchaeum* はギリシャ神話の神プロメテウスからとったそうだが，この神は泥からヒトを作り，そのヒトに火を与えたことで有名だ．この古

細菌が海底の泥（堆積物）から採取され，ヒトに連なる真核生物の祖先だと示唆する含蓄の深いネーミングだ．もちろん種小名の*syntrophicum*はこの生物が他の微生物と栄養共生していることを表しているのだろう．

　真核生物の誕生という一大事件の秘密がこの日本人研究チームの報告によってすべて解き明かされたわけではない．すぐに思い浮かぶ未解決の疑問は，アスガルド上門に属す他の古細菌はどんな形態をし，どんな代謝を営んでいるのだろうかという点だ．そのことを明らかにするにはこれらの古細菌（ハイムダール，オーディンアーキオータなど）の培養系を確立する必要がある．これはロキで経験のある日本人チームが成し遂げてくれるだろう．アスガルド上門に属す他の古細菌の形態や，代謝，共生の有無とその実態などが明らかにできれば，真核生物の誕生モデルもさらに具体化が可能になるだろう．

　MK-D1の形態があまりにも想像と違ったため，多くの研究者はゲノム情報からアスガルド古細菌が保持している細胞骨格や物質輸送システム，ユビキチンシステムなどに関係する遺伝子は外部に突出した触手のような構造を形成したり，小胞を吐出したりするのに使われていると信じるようになったように見える．しかし，大部分の研究者が想像していたように，それら遺伝子が細胞内膜系を発達させてはいないのだろうか．井町らの電子顕微鏡写真では細胞内は均一な細胞質で満たされているように見えるが実際はどうなのだろう．MK-D1の特異な触角状の突起構造を使って共生パートナーと栄養の授受をし，やがてそのあるものを包み込んで細胞小器官にしたというのがE^3モデルであったが，MK-D1が共生パートナーと実際に連絡しているところは捉えられていない．簡単そうで難しい課題だが実現が待たれる．

　われわれヒトにまで続く真核生物の誕生の物語を辿ってきた．ざっと20億年，いや20億年プラスマイナス5億年ほど昔の出来事だと考えられている．生命の誕生が40億年ほど昔だと考えられているから，ちょうどその中ごろのことだと考えると，生命の歴史の前半は原核生物だけの世界であった．その長い時間のなかで原核生物もさまざまに進化し，細菌と古細菌という全く異なる生物に進化したことになる．そして，その古細菌のうち，おそらく現在アスガルドと呼ばれる古細菌のなかから真核生物が誕生する．そのときには細菌も重要な役割を果たす．したがって真核生物のゲノムには古細菌と細菌双方のゲノムがキメラのように含まれている．しかし，進化の流れという視点からはわれわれ真核生物は紛れもなく古細菌の末裔，子孫なのである．20億年ほど昔に起こった真核生物の誕生については世界中の多くの科学者が興味をもち，研究に没頭してきた．はるかに遠い過去の出来事ゆえに物的証拠がほとんどない．いきおい理屈と理屈が空中戦を演じるような空疎な議論が繰り返されることが多い研究分野であった．細菌や古細菌の進化と言えば，微生物学者の間でさえもそんな研究をするのは狂気の沙汰だと思われていた時代があった．その常識を破り，rRNA遺伝子に残された記録をもとに原核生物の進化に切りこんでいったのは本書の最初の登場人物，ウーズであった．それから約50年の間にわれわれの生命の進化に関する理解は飛躍的に進歩したと言えるだろう．ときどき，タイムマシーンに乗って20億年彼方の真核生物が誕生した時代を訪ねてみたいと思うのは私だけだろうか．

参考文献

Akabori, S. *et al*. (1956). Introduction of side chains into polyglycine dispersed on solid surface. *Bulletin of the Chemical Society of Japan*, **29**: 608-611.

Albani, A. E. *et al*. (2010). Large colonial organisms with coordinated growth in oxygenated environments 2.1 Gyr ago. *Nature*, **466**: 100-104.

Albani, A. E. *et al*. (2014). The 2.1 Ga old Francevillian Biota: Biogenicity, Taphonomy and Biodiversity. *PLoS one*, **9**(6): 1-18.

Allwood, A. C. *et al*. (2009). Controls on development and diversity of Early Archean stromatolites. *Proceedings of the National Academy of Sciences* (*"PNAS"*), **106** (24): 9548-9555.

Amann, R. I. *et al*. (1995). Phylogenetic Identification and In Situ Detection of Individual Microbial Cells without Cultivation. *Microbiol. Rev.*, **59**: 143-169.

Andersson, S. G. E. *et al*. (1998). The genome sequence of *Rickettsia prowazekii* and the origin of mitochondria. *Nature*, **396**: 133-140.

Bada, J. L. & Lazcano, A. (2000). Stanley Miller's 70th birthday. *Origins of Life and Evolution of the Biosphere*, **30**: 107-112.

Baker, B. J. *et al*. (2006). Lineages of Acidophilic Archaea Revealed by Community Genomic Analysis. *Science*, **314**: 1933-1935.

Baker, B. J. *et al*. (2010). Enigmatic, ultrasmall, uncultivated Archaea. *PNAS*,**107**: 8806-8811.

Barghoorn, E. S. & Tyler, S. A. (1965). Microorganisms from the Gunflint Chert. *Science*, **147**: 563-575.

Barns, S. M., Pace, N. R. *et al*. (1996). Perspectives on archaeal diversity, thermophily and monophyly from environmental rRNA sequences. *PNAS*, **93**: 9188-9193.

222

Battistuzzi, F. U. & Hedges, B. (2008). A Major Clade of Prokaryotes with Ancient Adaptations to Life on Land. *Mol. Biol. Evol.*, **26**: 335-343.

Baum, D. A. & Baum, B. (2014). An inside-out for the eukaryotic cell. *BMC Biology*, **12**: 76-98.

Bell, P. J. L. (2001). Viral eukaryogenesis: Was the ancestor of the nucleus a complex DNA virus? *J. Mol. Evol.*, **53**: 251-256.

Blankenship, R. E. (1992). Origin and early evolution of photosynthesis. *Photosynthesis Research*, **33** : 91-111.

Bonen, L. & Doolittle, W. F. (1975). On the Prokaryotic Nature of Red Algal Chloroplasts. *PNAS*, **72**: 2310-2314.

Boussau, B. *et al.* (2008). Parallel adaptations to high temperatures in the Archean eon. *Nature*, **456** : 942-945.

Brasier, M. D. *et al.* (2002). Questioning the evidence for Earth's oldest fossils. *Nature*, **416**: 76-81.

Brochier-Armanet, C. *et al.* (2008). Mesophilic crenarchaeota: proposal for a third archaeal phylum, the Thaumarchaeota. *Nat. Rev. Microbiol.*, **6**: 245-252.

Bult, C. J. *et al.* (1996). Complete Genome Sequence of the Methanogenic Archaeon, *Methanococcus jannaschii*. *Science*, **273**: 1058-1073.

Butterfield, N. J. (2014). Early evolution of the Eukaryota. *Paleontology*, **58**: 5-17.

Cavalier-Smith, T. (1975). The origin of nuclei and of eukaryotic cells. *Nature*, **256**: 463-468.

Chatton, E. (1937). *Titres et travaux scientifiques*. Sette, Sottano, Italy.

Chyba, C. & Sagan, C. (1992). Endogenous production, exogenous delivery and impact-shock synthesis of organic molecules: an inventory for the origins of life. *Nature*, **355**: 125-132.

Cloud, P. E., Jr. (1968). Atmospheric and Hydrospheric Evolution on the Primitive Earth. *Science*, **160**: 729-736.

Comolli, L. R. *et al.* (2009). Three-dimensional analysis of the structure and ecology of a novel, ultra-small archaeon. *The ISME Journal*, **3**: 159-167.

Condie, K. C. & Sloan, R. E. (1997). *Origin and Evolution of Earth*:

Principles of Historical Geology, Prentice Hall, New Jersey.

Cox, C. J. *et al.* (2008). The archaebacterial origin of eukaryotes. *PNAS*, **105**: 20356–20361.

Curran, J. (2012). Microfossils and the Depositional Environment of the Gunflint Iron Formation. A thesis for the degree of BA (GUSTAVUS ADOLPHUS COLLEGE).

Da Cunha, V. *et al.* (2017). Lokiarchaea are close relatives of Euryarchaeota, not bridging the gap between prokaryotes and eukaryotes. *PLoS Genetics*, **13**: 1–38.

David, L. A. & Alm, E. J. (2011). Rapid evolutionary innovation during an Archaean genetic expansion. *Nature*, **469**: 93–96.

Dayhoff, M. O. (1972). *Atlas of Protein Sequence and Structure*. National Biomedical Research Organization, Bethesda, Maryland.

DeLong, E. F. (1992). Archaea in coastal marine environments. *PNAS*, **89**: 5685–5689.

Devos, D. P. (2021). Reconciling Asgardarchaeota Phylogenetic Proximity to Eukaryotes and Planctomycetes Cellular Features in the Evolution of Life. *Mol. Biol. Evol*, **38**(9): 3531–3542.

Elkins, J. G. *et al.* (2008). A korarchaeal genome reveals insights into the evolution of the Archaea. *PNAS*, **105**: 8102–8107.

Eme, L. *et al.* (2017). Archaea and the origin of eukaryotes. *Nat. Rev. Microbiol.*, **15**: 711–723.

Feng, D. F. *et al.* (1997). Determining divergence times with a protein clock: Update and reevaluation. *PNAS*, **94**: 13028–13033.

Forterre, P. & Gaïa, M. (2016). Giant viruses and the origin of modern eukaryotes. *Curr. Opin. Microbiol.*, **31**, 44–49.

Foster, P. G. *et al.* (2009). The primary divisions of life: a phylogenomic approach employing composition-heterogeneous methods. *Philos. Trans. R. Soc. Lond. B. Biol. Sci.*, **364**: 2197–2207.

Fuerst, J. A. (2005). Intracellular compartmentation in Planctomycetes. *Annual Review of Microbiology*, **59**: 299–328.

Galtier, N. *et al.* (1999). A Non hyperthermophilic Common Ancestor to

Extant Life Forms. *Science*, **283**: 220-221.

Gaucher, E. A. *et al.* (2003). Inferring the palaeoenvironment of ancient bacteria on the basis of resurrected proteins. *Nature*, **425**: 285-288.

Gaucher, E. A. *et al.* (2008). Palaeotemperature trend for precambrian life inferred from resurrected proteins. *Nature*, **451**: 704-707.

Granick, S. (1965). Evolution of heme and chlorophyll, in *Evolving Genes and Proteins*, pp. 67-88, Academic Press.

Gray, M. W. & Doolittle, W. F. (1982). Has the Endosymbiont Hypothesis been proven? *Microbiol. Rev.*, **46** (1): 1-42.

Gribaldo, S. & Brochier-Armanet, C. (2006). The origin and evolution of archaea: a state of the art. *Philos. Trans. R. Soc. Lond. B Biol. Sci.*, **361**: 1007-1022.

Gupta, R. S. (2003). Evolutionary relationships among photosynthetic bacteria. *Photosynthesis Research*, **76**: 173-183.

Guy, L. & Ettema, T. J. G. (2011). The archaeal 'TACK' superphylum and the origin of eukaryotes. *Trends in Microbiology*, **19** (12): 580-587.

Han, TM. & Runnegar, B. (1992). Megascopic Eukaryotic Algae from the 2.1-Billion-Year-Old Negaunee Iron-Formation, Michigan. *Science*, **257**: 232-235.

Hecht, N. B. & Woese, C. R. (1968). Separation of bacterial ribonucleic acid from its macromolecular precursors by polyacrylamide gel electrophoresis. *J. Bacteriol.*, **95** (3): 986-990.

Hogeboom, G. H. *et al.* (1948). Cytochemical studies of mammalian tissues. I. Isolation of intact mitochondria from rat liver; Some biochemical properties of mitochondria and submicroscopic particulate material. *Journal of Biological Chemistry*, **172**: 619-635.

Hori, H. & Osawa, S. (1979). Evolutionary change in 5S RNA secondary structure and a phylogenic tree of 54 5S RNA species. *PNAS*, **76** (1): 381-385.

Huber, H. *et al.* (2002). A new phylum of Archaea represented by a nanosized hyperthermophilic symbiont. *Nature*, **417**: 63-67.

Imachi, H. *et al.* (2020). Isolation of an archaeon at the prokaryote-eukaryote interface. *Nature*, **577**: 519-525.

Johnson, AP. *et al.* (2008). The Miller Volcanic Spark Discharge Experiment. *Science*, **322**: 404.

Jorgensen, S. L. *et al.* (2013). Quantitative and phylogenetic study of the Deep Sea Archaeal Group in sediments of the Arctic mid-ocean spreading ridge. *Frontiers in Microbiology*, **4**: 1-11.

Kallmeyer, J. *et al.* (2012). Global distribution of microbial abundance and biomass in subseafloor sediment. *PNAS*, **109**: 16213-16216.

Koonin, E. V. *et al.* (1997). Comparison of archaeal and bacterial genomes: computer analysis of protein sequences predicts novel functions and suggests a chimeric origin for the archaea. *Molecular Microbiology*, **25**: 619-637.

Könneke, M. *et al.* (2005). Isolation of an autotrophic ammonia-oxidizing marine archaeon. *Nature*, **437**: 543-546.

Kruger, K. *et al.* (1982). Self-splicing RNA: Autoexcision and autocyclization of the ribosomal RNA intervening sequence of Tetrahymena. *Cell*, **31**: 147-157.

Kubo, K. *et al.* (2012). Archaea of the Miscellaneous Crenarchaeotal Group are abundant, diverse and widespread in marine sediments. *The ISME Journal*, **6**: 1949-1965.

Lake J. A. *et al.* (1982). Mapping evolution with ribosome structure: Intralineage constancy and interlineage variation. *PNAS* **79**: 5948-5952.

Lake, J. A. *et al.* (1984). Eocytes: A new ribosome structure indicates a kingdom with a close relationship to eukaryotes. *PNAS*, **81**: 3786-3790.

Lake, J. A. & Rivera, M. C. (1994). Was the nucleus the first endosymbiont? *PNAS*, **91**: 2880-2881.

Lopez-Garcia, P. (2015). Open questions in the origin of eukaryotes. *Trends Ecol. Evol.* **30**: 697-708.

Margulis, L. (1970). *Origin of Eukaryotic Cells : Evidence and research implications for a theory of the origin and evolution of microbial, plant and animal cells on the precambrian earth.* Yale University Press.

Margulis, L. *et al.* (2000). The chimeric eukaryote: Origin of the nucleus from the karyomastigont in amitochondriate protists. *PNAS*, **97** (13): 6954–6959.

Martin, W. & Müller, M. (1998). The hydrogen hypothesis for the first eukaryote. *Nature*, **392**: 37–41.

Martin, W. & Koonin, E. V. (2006). Introns and the origin of nucleus-cytosol compartmentalization. *Nature*, **440**: 41–45.

Martins, Z *et al*. (2008). Extraterrestrial nucleobases in the Murchison meteorite. *Earth and Planetary Science Letters*, **270** (1–2): 130–136.

Mayr, E. (1998). Two empires or three? *PNAS*, **95**: 9720–9723.

Meng, J. *et al*. (2014). Genetic and functional properties of uncultivated MCG archaea assessed by metagenome and gene expression analyses. *The ISME Journal*, **8**: 650–659.

Miller, S. L. (1953). A Production of Amino Acids Under Possible Primitive Earth Conditions. *Science*, **117**: 528–529.

Mills, D. R. *et al*. (1967). An extracellular Sarwinian experiment with a self duplicating nuclic acid molecule. *PNAS*, **58**: 217–224.

Moreira, D. & Lopez-Garcia, P. (1998). Symbiosis Between Methanogenic Archaea and Delta-Proteobacteria as the Origin of Eukaryotes: The Syntrophic Hypothesis. *J. Mol. Evol.*, **47**: 517–530.

Morell, V. (1997). Microbial Biology: Microbiology's Scarred Revolutionary. *Science*, **276**: 699–702.

Nass, M. M. K. & Nass, S. (1963). Intramitochondrial fibers with DNA characteristics. I. Fixation and electron staining reactions. *J. Cell Biol.*, **19**: 593–611.

Nemchin, A. A. *et al*. (2008). A light carbon reservoir recorded in zircon-hosted diamond from the Jack Hills. *Nature*, **454**: 92–95.

Nisbet, E. G. *et al*. (1995). Origins of photosynthesis. *Nature*, **373**: 479–480.

Nunoura, T. *et al*. (2005). Genetic and functional properties of uncultivated thermophilic crenarchaeotes from a subsurface gold mine as revealed by analysis of genome fragments. *Environ. Microbiol.*, **7** : 1967–1984.

Nunoura, T. *et al*. (2011). Insights into the evolution of Archaea and eukaryotic protein modifier systems revealed by the genome of a novel archaeal group. *Nucleic Acids Research*, **39**: 3204–3223.

Nutman, A. P. *et al.* (2016). Rapid emergence of life shown by discovery of 3,700-million-year-old microbial structures. *Nature*, **537**: 535–538.

Oba, Y. *et al.* (2022). Identifying the wide diversity of extraterrestria purine and pyrimidine nucleobases in carbonaceous meteorites. *Nature Communications*, **13**: 2008.

Ochsenreiter, A. *et al.* (2003). Diversity and abundance of Crenarchaeota in terrestrial habitats studied by 16S RNA surveys and real time PCR. *Environ. Microbiol.*, **5**: 787–797.

Ohtomo, Y. *et al.* (2014). Evidence for biogenic graphite in early Archaean Isua metasedimentary rocks. *Nature Geoscience*, **7**: 25–28.

Olsen, G. J. *et al.* (1994). The Winds of (Evolutionary) Change: Breathing New Life into Microbiology (Mini review). *J. Bacteriol.*, **176**: 1–6.

Oró, J. & Kamat, S. S. (1961). Amino-acid synthesis from hydrogen cyanide under possible primitive earth conditions. *Nature*, **190**: 442–443.

Oró, J. & Kimball, A. P. (1961). Synthesis of purines under possible primitive earth conditions. I. Adenine from hydrogen cyanide. *Archives of biochemistry and biophysics*, **94**: 217–227.

Palenik, B. & Haselkorn, R. (1992). Multiple evolutionary origins of prochlorophytes, the chlorophyllb-containing prokaryotes. *Nature*, **355**: 265–267.

Pedersen, R. B. *et al.* (2010). Discovery of a black smoker vent field and vent fauna at the Arctic mid-ocean Ridge. *Nature Communications*, **23**.

Powner, M. W. *et al.* (2009). Synthesis of activated pyrimidine ribonu-cleotides in prebiotically plausible conditions. *Nature*, **459**: 239–242.

Preston, C. M. (1996). A psychrophilic crenarchaeon inhabits a marine sponge: Cenarchaeum symbiosum gen. nov., sp. nov. *PNAS*, **93**: 6241–6246.

Reigstad, L. J. *et al.* (2010). Diversity and abundance of Korarchaeota in terrestrial hot springs of Iceland and Kamchatka. *The ISME Journal*, **4**: 346–356.

Rinke, C. *et al.* (2013). Insights into the phylogeny and coding potential of microbial dark matter. *Nature*, **499**: 431–437.

Ris, H. & Plaut, W. (1962). Ultrastructure of DNA-containing areas in the chloroplast of chlamydomonas. *J. Cell Biol.*, **13**: 383–391.

Rivera, M. C. & Lake, J. A. (2004). The ring of life provides evidence for a genome fusion origin of eukaryotes. *Nature*, **431**: 152–155.

Robertson, C. E. *et al.* (2005). Phylogenetic diversity and ecology of environmental Archaea. *Current Opinion in Microbiology*, **8**: 638-642.

Sagan, L. (1967). On the origin of mitosing cells. *J. Theor. Biol.*, **14**: 225–274.

Sager, R. & Ishida, M. R. (1963). Chloroplast DNA in Chlamydomonas, *PNAS*, **50**: 725–730.

Sako, Y. *et al.* (1996). *Aeropyrum pernix* gen. nov., sp. nov., a novel aerobic hyperthermophilic archaeon growing at temperature up to 100℃. *Int. J. Syst. Bacteriol*, **46**: 1070–1077.

Sanger, F. *et al.* (1965). A two-dimensional fractionation procedure for radioactive nucleotides. *J. Mol. Biol.*, **13**: 373–398.

Schidlowski, M. *et al.* (1979). Carbon isotope geochemistry of the 3.7 × 109-yr-old Isua sediments, West Greenland: implications for the Archaean carbon and oxygen cycles. *Geochimica et Cosmochimica Acta*, **43**: 189–199.

Schopf, J. W. (1993). Microfossils of the Early Archean Apex chert: new evidence of the antiquity of life. *Science*, **260**: 640–646.

Schopf, J. W. (2006). Fossil evidence of Archaean life Phil. *Trans. R. Soc. B*, **361**: 869–885.

Searcy, D. G. (1992). Origins of mitochondria and chloroplasts from sulfur-based symbioses. *Proceedings of the conference on the "The origin and evolution of the cell"*. Shimoda, Japan.

Seitz, K. W. *et al.* (2016). Genomic reconstruction of a novel, deeply branched sediment archaeal phylum with pathways for acetogenesis and sulfur reduction. *The ISME Journal*, **10**: 1696–1705.

Simon, H. M. *et al.* (2000). Crenarchaeota colonize terrestrial plant roots. *Environ. Microbiol.*, **2**: 506–515.

Simon, H. *et al.* (2005). Cultivation of Mesophilic Soil Crenarchaeotes in Enrichment Cultures from Plant Roots. *Applied and Environmental Microbiology*, **71**: 4751-4760.

Spang, A. *et al.* (2015). Complex archaea that bridge the gap between prokaryotes and eukaryotes. *Nature*, **521**: 173-179.

Spang, A. *et al.* (2018). Asgard archaea are the closest prokaryotic relatives of eukaryotes. *PLoS Genetics*, **14**: 1-4.

Steffensen, D. & Sheridan, W. (1965). Incorparation of H3-thymidine into chloroplast DNA of marine algae. *J. Cell Biol.*, **25**: 619-626.

Takai, K. & Horikoshi, K. (1999). Genetic Diversity of Archaea in Deep-Sea Hydrothermal Vent Environments. *GeneticsI*, **152**: 1285-1297.

Takai, K. *et al.* (2002). *Methanothermococcus okinawensis* sp. nov., a thermophilic, methane-producing archaeon isolated from a Western Pacific deep-sea hydrothermal vent system.*Int. J. Syst. Evol. Micr.*, **52**: 1089-1095.

Takemura, M. (2001). Poxviruses and the origin of the eukaryotic nucleus. *J Mol Evol.*, **52**: 419-425.

Takemura, M. *et al.* (2015). Evolution of eukaryotic DNA polymerases via Interaction between cells and large DNA viruses. *J. Mol. Evol.*, **81**: 24-33.

Takemura, M. (2020). Medusavirus Ancestor in a Proto-eukaryotic Cell: Updating the Hypothesis for the Viral Origin of the Nucleus. *Frontiers in Microbiology*, **11**: 1-8.

Tera, F. *et al.* (1974). Isotopic evidence for a terminal lunar catalysm. *Earth and Planetary Science Letters*, **22**: 1-21.

Thompson, W. R. *et al.* (1987). Coloration and darkening of methane clathrate and other ices by charged particle irradiation: applications to the outer solar system. *J. Geophys. Res.*, **92** (A13): 14933-14947.

Thrash, J. C. *et al.* (2011). Phylogenomic evidence for a common ancestor of mitochondria and the SAR11 clade. *Scientific Reports*, **1**: 1-9.

Timmis, J. N. *et al.* (2004). Endosymbiotic gene transfer: Organaelle genomes forge Eukaryotic chromosomes. *Nature Reviews Genetics*, **5**:

123-135.

van Zuilen, M. A. *et al.* (2002). Reassessing the evidence for the earliest traces of life. *Nature*, **418**: 627-630.

Venter, J. C. *et al.* (2004). Environmental Genome Shotgun Sequencing of the Sargasso Sea. *Science*, **304**: 66-74.

Wächtershäuser, G. (1990). Evolution of the first metabolic cycles. *PNAS*, **87**: 200-204.

Wang, Z. & Wu, M. (2015). An intergated phylogenomic approach toward pinpointing the origin of mitochondria. *Scientific Reports*, **5**: 7949.

Waters, E. *et al.* (2003). The genome of Nanoarchaeum equitans: Insights into early archaeal evolution and derived parasitism. *PNAS*, **100**: 12984-12988.

Weeden, N. F. (1981). Genetic and biochemical implications of the endosymbiotic origin of the chloroplast. *J. Mol. Evol.*, **17**: 133-139.

Westall, F & Folk, R. L. (2003). Exogenous carbonaceous microstructures in early Archaean cherts and BIFs from the Isua Greenstone Belt: implications for the search for life in ancient rocks. *Precambrian Research*, **126**: 313-330.

Wikipedia - Alexander Oparin. https://en.wikipedia.org/wiki/Alexander_Oparin（2022 年 12 月 1 日閲覧）.

Woese, C. R. (1987). Bacterial evolution. *Microbiol. Rev.*, **51** (2): 221-271.

Woese, C. R. (1998). Default taxonomy: Ernst Mayr's view of the microbial world. *PNAS*, **95**: 11043-11046.

Woese, C. R. & Fox, G. E. (1977). Phylogenetic structure of the prokaryotic domain: The primary kingdoms. *PNAS*, **74**: 5088-5090.

Woese, C. R. *et al.* (1990). Towards a natural system of organisms: Proposal for the domains Archaea, Bacteria, and Eucarya. *PNAS*, **87**: 4576-4579.

Wuchter, C. *et al.* (2006). Archaeal nitrification in the ocean. *PNAS*, **103**: 12317-12322.

Xiong, J. *et al.* (2000). Molecular Evidence for the early evolution of photosynthesis. *Science*, **289**: 1724-1730.

Yan, Y. & Liu, Z. (1993). Significance of eukaryotic organisms in the microfossil flora of Changcheng System. *Acta Micropalaeontologica Sinica*, **10** (2): 167-180.

Yang, D. *et al*. (1985). Mitochondrial origins. *PNAS*, **82**: 4443-4447.

Yukov,V. & Beatty, T. (1998). Isolation of Aerobic Anoxygenic Photosynthetic Bacteria from Black Smoker Plume Waters of the Juan de Fuca Ridge in the Pacific Ocean. *Applied and Environmental Microbiology*, **64**: 337-341.

Zaremba-Niedzwiedzka, K. *et al*. (2017). Asgard archaea illuminate the origin of eukaryotic cellular complexity. *Nature*, **541**: 353-358.

Zuckerkandl, E. & Pauling, L. B. (1962). Molecular disease, evolution, and genic heterogeneity, in *Horizons in biochemistry*, pp. 189-225, Academic Press.

Zuckerkandl, E. & Pauling, L. B. (1965). Molecules as documents of evolutionary history. *J. Theoret. Biol*., **8**: 357-366.

浅島誠・駒崎伸二 (2010). 図解 分子細胞生物学. 裳華房.

池原健二 (2006). GADV 仮説——生命起源を問い直す. 京都大学学術出版会.

市橋伯一・四方哲也 (2015). 人工細胞モデルとダーウィン進化. 生物工学, **93**: 607-610.

井上和仁 他 (2002). 遺伝子解析による光合成進化——光合成遺伝子の系統解析から浮かび上がる黎明期の光合成. 2002 年度神奈川大学共同研究奨励助成研究成果報告, 研究課題名：光合成とゲノム進化から探る植物の環境適応機構.

大濱武 (2000). 遺伝子の中の厄介者, イントロンはどうしてなくならないか——イントロンに感染した真核生物のゲノム. 季刊生命誌, **29**.

アレクサンドル・オパーリン (1962). 生命——その本質, 起源, 発展 (石本真 訳). 岩波書店.

小林憲正 他 (2008). 星間での複雑有機物の生成と変成：生命の素材は宇宙でつくられた. 低温科学, **66**: 39-46.

杉谷健一郎 (2016). オーストラリアの荒野によみがえる原始生命. 共立出版.

田中歩 (2001). 新しい光合成色素の獲得と植物の進化. 季刊誌「生命誌」, **30**.

中村運 (1997). 真核細胞誕生の謎を解く「膜進化説」. 日経サイエンス, **27**(5): 58-69.

232

藤原伸介・高 楽 (2012). 好熱菌研究のいま：高温適応から低温適応へ. 生物工
学, **90**: 701-705.

宮田隆 (1994). 分子進化学への招待——DNA に秘められた生物の歴史. 講談社.

宮田隆 (2003). 分子進化学の基礎（数学者のための分子生物学入門, 研究会報
告）. 物性研究, **81** (1): 53-59.

宮田隆 (2005). 宮田隆の進化の話——生物最古の枝分かれ：問題点と重複遺伝
子による解決. JT 生命誌研究館. https://www.brh.co.jp/research/
formerlab/miyata/2005/post_000008.php.

山岸明彦 (1998). 生命史を語る古細菌 (The history of Life: What we can learn
from Archaebacteria). *Microbes and Environments*, **13**: 237-243.

あとがき

　哲学者の内田樹氏がどこかに，「僕の場合は，ものを書くときの一番強い動機は『それを自分が書いておかないと誰も書かないから』です」と書いていた．私の執筆動機もそれに近いかもしれない．しかし，こう書くと多くの人の反論にあうだろう．なぜなら，最近，生命の歴史を地球誕生の時代にさかのぼって書き始めるスケールの大きい本がたくさん出ているからだ．特に地球科学の専門家からこの分野の面白い本がたくさん出ている．ただ，いずれの本も「真核生物の誕生」について詳しく論じた本はほとんどなく，読者としては甚だ不満であった．しかし，その理由は明らかだ．「真核生物の誕生」についてはまだ議論途中で，いろんな点で不明な点が残っているからだ．そんな分野には専門家は執筆に手を出さないのだろう．間違えれば大火傷をする．事情に明るくない素人だからこそ，手を出してしまった．

　何度かの挫折を経て私が2年ほど前に本書を書き始めたとき，私の知識の多くは古くなりすぎていて，いずれもアップデートが必要になっていた．知らない新事実も山のように出ている．片っ端から論文を集め，時代に追いつこうと努力した．しかし，在職中と異なり文献が容易に入手できない．しかも，大事な論文，面白そうな論文は「ネイチャー」や「サイエンス」に載っていることが多く，このような大手の雑誌の論文はネットからファイルを引き出せないことが多い．いよいよ困ると大学の知人に依頼してコピーをメールで送ってもらうという迷惑なことを繰り返した．確かに本書で取り

上げた分野の発展は非常に早い．書いているうちに新しい情報が入り，古い情報の改定を迫られたことも一度ならずある．ということは，本書が出版にこぎつけたころには新しい事実が以前の常識を覆し，内容がもはや正しくないというようなことが起こりかねない．しかしそれを気にしていたら，永遠に本にまとめることはできない．そんな紆余曲折を経て，ようやく脱稿にこぎつけた．これで，今は立派な社会人になっている学生諸君との約束を果たせる．「そのうち，講義内容を本にして出すよ」と気軽に約束したのだが，たいへん時間がかかってしまった．彼らはもう，講義の内容も，私の名前も忘れてしまっていると思うのだが．

　1冊の本を上梓するには大変な努力が必要だ．本来集中力を持続することが得意でない私は，歳を重ねるにつれ仕事の中断が日常茶飯事になってきた．かろうじて脱稿にこぎつけられたのは，常に私を支え続けてくれた妻，洋子のおかげである．まず，この本の完成を彼女と共に喜びたい．また，原稿を読み，温かい意見をくれた2人の友人，物理学者の藤居一男氏と，この本のコーデイネーターで，海洋分子微生物学者の左子芳彦氏，そして，絶えず文献情報の収集に協力してくれた，竹内（金子）祐子さんに深謝の意を表したい．さらに，共立出版株式会社の2人の編集者，山内千尋さんと，影山綾乃さんには細かな言葉使いや学名の間違いから，図版の構成や文章の配置についてまで，実に多くの助言をいただいた．彼女たちの熱い，そして親身な協力がなければこの本は完成しなかった．ここに感謝の言葉を捧げたい．本当にありがとうございました．

地球を支配する驚異の微生物進化

コーディネーター　左子芳彦

　地球における生命は，いつ，どこで誕生し，どのように進化して真核生物が生まれヒトが出現してきたのかと，多くの人が一度は考える疑問であろう．惑星探査が現実になりつつある現在でも，この問題は完全に解き明かされていない．拡大を続ける広大な宇宙の中に銀河系が位置し，その中に小さな地球が存在し，極めて多様な生物が生息しわれわれも共存しているこの瞬間と現実を俯瞰すると，時間，空間と偶然に驚嘆せざるを得ない．

　おそらく宇宙には多様な生命体が存在すると推察されるが，われら地球上の生命の誕生と進化，そして何よりも人類の直接の祖先を明らかにしたいとの思いは長年科学者が持ち続けてきた命題である．しかしながら進化を解明するための適切な研究手法が極めて限られ，従来形態観察と化石に頼ってきたため多くの推測を含む仮説が林立してきた．

　しかし近年次世代 DNA シーケンサーの開発により情報科学を駆使したメタゲノム解析の飛躍的な進展に伴い，難培養性の微生物でも正確な進化系統解析が可能となり，生命の進化とその系統関係についてより精度の高い成果が得られるようになってきた．生物学における革命的な技術的進歩のおかげで，今まさにこの時期に生命の誕生と進化や真核生物のルーツについてまとめるタイミングであるとの強い決意を持ってまとめあげたのが本書である．

　二井先生と私はかつて，京都大学農学研究科に所属しており，農

学部 2 回生配当の微生物学の講義でご一緒した間柄である．当時から農学部で微生物学全般に使える適切な教科書がなく，4 人の教員が細菌・古細菌・真核微生物・ウイルス・微細藻類の各分野を担当していた．しかし応用面は別にして，生命の進化に果たす微生物の重要性や意義など基礎的で最も興味深い分野は，研究途上でもあり十分な講義時間を割けず，いつかその面白さを学生諸君に伝えたいとの思いが強く残っていた．

　このたび，二井先生が退職後も持ち続けた強い思いと情熱を持って執筆された本書は，最新の研究成果とその興味深い背景を踏まえて，生命の誕生とダイナミックな進化を支えてきた微生物の驚異を余すところなくまとめている．

　多くの読者は本書を一読することによって，地球上には今まで原核生物と真核生物の 2 つの界が存在すると習ってきたのに，近年の学説では細菌・古細菌・真核生物という 3 つのドメインが存在し，ヒトを含む真核生物は奇妙な古細菌の一系統から分岐してきたことに驚嘆されるであろう．

　そしてこの驚くべき結果を導き出した研究は，リボソーム RNA（原核生物では 16S rRNA，真核生物では 18S rRNA）遺伝子の塩基解析を用いた系統解析と，次世代 DNA シーケンサーによるメタゲノム解析といった革新的技法の導入により成し得たことに，科学におけるアイデアや技術の重大さを嚙み締めると思われる．

　ご承知の通り，近年 40 年間において多くの人に関係する最も発展した学問は生物学であり，その質・量・範囲などにおいて匹敵する学問分野は皆無である．例えば，過去の高等学校の教科書や大学入試問題を見比べてみると明らかである．物理や数学においては 40 年前とほぼ同様の問題が毎年出ているが，生物は全く異なった新たなかつ極めて広範な学問分野になっており，内容や質量におい

て驚異的な進歩を遂げている．これは古典的な主に形態観察的な生物学に加えて，生化学・免疫学・分子生物学・生態学・医学・ゲノム科学などの急速な発展により毎年教科書に書き加えられ，内容が増大し続けていることによる．すなわち生物学が，究極的にはヒトの健康・病気といった医学と密接に関係しているために，その重要性は明白でありそのため進歩も急激なのである．

　生物学は，新型コロナウイルス感染症に対する接種ワクチンや創薬開発を見てもわかるように，その基礎と応用の両面における重要性ゆえに今後も急速な発展を遂げるであろうし，そのためのアイデアや技術革新の競争はますます激しくなるであろう．実験物理のように，生物学も徐々にビッグサイエンス化しつつあるが，生物は種によって異なり，また同種においても個体差が多く，変異も頻繁であるため，アマチュアを含めて多くの方が楽しめる，新たな発見の機会があるのも事実である．

　そして近年の生物学の顕著な進歩を支えてきたのが微生物であり，とりわけ進化・バイオテクノロジー関係や先端医療にとって必須の分子生物学やゲノム科学におけるすべての革新的技術は，微生物を用いて開発され実用化されている．ずいぶん前に原核微生物研究の時代は終わったとの見方があったが，最新のメタゲノム解析により微生物の進化における役割や，地球環境に及ぼす影響，残された未知分野，医療分野に果たす役割などにおいてその価値や重要性が再評価されてきており，産学官ともに連携してさらなる発展に力を入れるべきである．

　さて二井先生は，長年松枯れの原因を引き起こす真核微生物である線虫研究において応用ならびに基礎分野で顕著な業績をあげられ，日本線虫学会の会長として農学領域における真核微生物のトップレベルの専門家として研究活動をされてきた．

　二井先生は線虫のサンプリングや調査のため，フィールドに出かける機会が多かったようで，多忙な教授職にありながら早朝より院生らと一緒に車に機材を積み込んでサンプリングに出発される姿をよく覚えている．松枯れの現場で院生らと議論を楽しみながら調査をされる姿が今も脳裏を横切る．

　生物の研究においては，肉眼で見えない微生物であっても現場は大変重要で研究の原点であり，微生物試料を採取，分離，観察しその生態を調べ，ゲノム解析をして未知の微生物とその実態に迫れる喜びは極めて感動的な時間である．本書からは微生物の探索・研究の面白さや，専門の異なる多様な国内外の人と交流することの重要性や意義が読み取れるかと思われる．

　日本では一般に微生物の重要性に対する理解や評価は欧米に比較して大変低く残念だが，これは学校教育における微生物の位置づけの問題が大きいと思われる．欧米では微生物学部が設置されている大学が多く，感染症の病原微生物のみならずアルコールやパン・チーズなどの発酵食品，食品衛生，遺伝子工学，創薬，工業的利用，環境浄化，農畜水産業における重要性，ゲノム情報に伴う医療をはじめ，あらゆる産業分野への応用可能な生物材料として極めて重要視されている．わが国でも発酵食品に限らず，微生物の有する計り知れない潜在能力を理解して応用面に繋げる研究体制を早急に整えていく環境作りが切望されている．微生物の基礎並びに応用研究において，多様で異分野の専門家や若い研究者が自由に交流し，議論し，アイデアを出し合って未知分野に挑戦することは次世代の研究において必須である．

　このことはブレイクスルーとなった革新的研究成果をみれば自明であり，本書においてもイリノイ大学のウーズがそれまでの伝統的な微生物分類学者とは異なる専門分野や観点から進化をみるために

分子時計という概念を導入した例からも明らかである.

　本書においては，真核微生物からみた進化のルーツに焦点を当てながら，地球創生から始原的な微生物の誕生と細菌と古細菌の分岐を経て，古細菌からいかに真核生物が誕生してきたかが明快な文章で綴られている．その際に重要な研究成果を引用し，また興味深い研究背景を熱い思いで描き出しており，読む者の心を捉えると確信している．また本書では複雑に入り組んだ関連研究年表をわかりやすくまとめ，ドメインを構成する生物を簡潔に比較した表を作成して読者の理解を大いに助けている.

　生物の進化については多くの学生が興味を示し研究テーマとして希望しているが，実は最も手ごわい研究課題であり，実証が極めて困難で時間のかかる難題の一つである．本書を読まれた多くの方は，微生物分野における最先端の進化研究では，現場からの試料の採取のみならず解析手法においても経費・時間・困難さは半端ではなく，大変厳しい研究環境であるとの思いを持たれるかと思われる.

　また今や進化における未解決テーマはこれまでの研究者がやり尽くしたのではと思うかもしれない．しかし，重要な新規微生物や事実の発見はもう不可能ではという懸念や諦めは無用かと思う.

　私は以前，海岸温泉から95℃以上で好気的に増殖する新奇超好熱古細菌を分離し，ゲノム解析や超耐熱酵素の開発をしていた．また近年は温泉より，100%CO下で増殖し水素生産性の新規好熱性CO資化菌を分離し，応用を目指して全ゲノム解析から未知代謝系を発見しており，アイデアと工夫により未開拓の独創的な研究はいくらでも可能であると体験している.

　最後に，長年多様な難培養性微生物を楽しく探求してきた一研究者の独り言である．もちろんこれはかなりの根拠・経験と洞察によるものである.

　生命進化の研究で重視すべきは，原核・真核に限らずほとんどの微生物（99.9％以上）は培養不可能か難培養性の未知生物だということである．そのためにメタゲノム解析が必須であるが，現在でも遺伝子増幅が不可能な生物種は極めて多種に及んでいる．したがって生物ならびにその進化研究において新発見の可能性は尽きない．

　本書で記された進化は現在もうこれで停止していると危惧されるかもしれないが，地球上ではもちろん今も将来もあらゆる生物間で新たな関係が生じ，共生や捕食などを通じて，新奇な進化や二次・三次共生などによって新種が誕生している可能性が極めて大きいことは確実である．その環境は，深海や熱水鉱床といった極限環境に限らず，土壌・森林・水環境・動物の腸内など普遍的な場所でいくらでも起こり得る．

　若い皆さんにとって現在の最先端技術は容易に利用可能であり，将来はより革新的な技術や手法が開発されて，従来と全く異なった研究や発見に繋がる可能性に満ちている．私ももう一度若くなって研究を再開したいと切に思っているので，二井先生と同じく次世代のタイムマシーンに同乗し途中下車することを予約しておこう．

索　引

memo

著　者

二井一禎（ふたい かずよし）

1977 年　京都大学大学院農学研究科博士課程修了

現　　在　京都大学名誉教授，農学博士

専　　門　森林微生物生態学

コーディネーター

左子芳彦（さこ よしひこ）

1981 年　京都大学大学院農学研究科博士課程研究指導認定

現　　在　京都大学名誉教授，農学博士，公益財団法人発酵研究所理事

専　　門　海洋微生物学，極限環境微生物学

共立スマートセレクション 38
Kyoritsu Smart Selection 38
われら古細菌の末裔
——微生物から見た生物の進化

We are Descendants of Archaea:
The Evolution of Organisms from
Microbial Perspective

2023 年 2 月 25 日　初版 1 刷発行
2023 年 9 月 5 日　初版 3 刷発行

著　者　二井一禎　　© 2023

コーディ
ネーター　左子芳彦

発行者　南條光章

発行所　**共立出版株式会社**

郵便番号　112-0006
東京都文京区小日向 4-6-19
電話　03-3947-2511（代表）
振替口座　00110-2-57035
www.kyoritsu-pub.co.jp

印　刷　大日本法令印刷
製　本　加藤製本

一般社団法人
自然科学書協会
会員

検印廃止
NDC 465.8

ISBN 978-4-320-00938-7　　Printed in Japan